経営科学のための
確率統計入門

博士（工学） 田村　信幸 著

コ ロ ナ 社

ま　え　が　き

本書は理工系学部でオペレーションズリサーチ（OR）を中心とした経営科学分野を専門として学ぶ予定の，主に学部学生に必要な確率と統計の基礎理論をまとめたものである。確率統計に関する書籍は，理論を重視した数学的なものから微分積分を知らなくても理解できる文系学生を対象としたような基礎的なものまでさまざまである。最近はデータサイエンスという言葉が流行《はや》っているようにデータ解析手法を中心とした統計的な内容に焦点を当てた書籍も増えているが，応用を意識しつつ理論も重視した書籍はそれほど多くない。

OR のような内容を勉強する場合は，具体的な現象に基づいて式を立てたり問題を解いたりする必要があるため，公式や定理を丸暗記して使用するような勉強だけでは不十分である。この意味ではあまり基礎的な内容だけを取り上げるわけにはいかない。その一方で数学的な理論を重視し過ぎると初学者には難しく感じられてしまい，結果として応用に到達する前の段階で挫折し，確率統計に対するを熱意や興味を失ってしまうことがある。

そこで，本書では，特に経営科学分野へ応用する上で必要と思われる確率統計に関する理論に焦点を当てて解説する。公式や定理などは，特に重要と思われるものは証明や導出過程を詳しく説明し，あまり数学的過ぎるものは理論の一部を紹介する形とした。また，どのような場面で確率や統計が利用されるかを少しでも理解してもらうため，なるべく経営や生産などの問題との関連を想像できる例を用いた解説を加えた。ただし，本書の内容で取り扱える応用範囲は限られているため，少々非現実的な設定になっていることがある点はご容赦いただきたい。なお，章末問題の中には，Excel など数値計算のためのソフトウェアを使用しないと計算にたいへん手間がかかるものが含まれている。これらについては本書で詳しく取り上げていないが，さまざまな書籍が出版されているのでそちらを参照してほしい。

最後に，本書を執筆するにあたっては多くの方にご協力いただいた。筆者が法政大学理工学部経営システム工学科の専門科目である「確率統計」を担当していた関係で，木村光宏先生（法政大学教授）に本書を執筆する機会を与えていただいた。作村建紀先生（法政大学専任講師）と太田修平先生（神奈川大学助教）には初稿に目を通していただき，誤りや不備などをご指摘いただいた。お二方の専門家としての貴重なご意見は本書を完成させる上でたいへん有益だったと考えている。そして，コロナ社の方々には，当初の出版予定が大幅に遅れたにもかかわらず辛抱強く完成を待っていただいた。この場を借りてこれらの方々に心からお礼を申し上げたい。

2022 年 4 月

田村　信幸

目　　　　　次

1.　確率とはなにか

2.　確率の基礎概念

3.　確率変数と確率分布

4. いろいろな確率分布

5. 2次元確率分布

6. 極 限 定 理

7. 統計とはなにか

8.　標　本　分　布

9.　推　　　定

10.　検　　　定

11. 単回帰分析

1 確率とはなにか

本章では確率を本格的に学ぶ上でのいくつかの準備を行う。まず確率がどのような場面で役に立つのかを簡単な例を通して説明し，高校までの考え方では数学的にきちんと議論する上では少々問題があることを述べる。

1.1 確率と統計の役割

大学の専門科目の中には「確率統計」というように確率と統計を併せて一つの科目として扱っていることが少なくない。このような事情から考えてどちらも同じ目的をもつ科目であるかのような印象を受けるかもしれないが，実際にはそうではない。

例えば，高校時代の授業でもお馴《な》染《じ》みのサイコロ投げを考えた場合，出る目は1から6の6通りである。正しいサイコロを意図的に特定の目が出るような細工をせずに n 回投げるとき，目 i の出る回数を r_i とすると，n が十分大きければ r_i/n は 1/6 に近づくと考えられる。このような偶然性を伴う現象からなんらかの法則を見出すときに用いられるのが統計（学）という学問である。これに対し，このような法則がわかっているとき，偶然性を伴う，あるいは予測することが不可能な現象（ここでは確率的な現象と呼ぶ）を数学的に体系化した上で考察を行うのが確率（論）の役割である。考察というとかなり漠然としている印象を受けるかもしれない。これは対象や目的によって変わるため，なにを想定しているのかわかりにくいかもしれないが，敢えてこのような表現を用いている。

1.2　確率はなんの役に立つ？

高校までに学んだ確率でよく目にするのは以下のような問題ではないだろうか。

例 1.1　(確率の例)

(1) 1 円，10 円，100 円の 3 枚のコインを同時に投げたとき，裏がちょうど 2 枚出る確率は？

(2) ジョーカーを除いた 52 枚のトランプカードからランダムに 5 枚のカードを引いたとき，ハートのエースが含まれる確率は？

(3) 赤玉 5 個と白玉 5 個が入った壺からランダムに 3 個の玉を取り出したとき，赤玉 2 個と白玉 1 個である確率は？

(4) 大小 2 個のサイコロを投げたとき，出た目の和が 5 以上となる確率は？

例 1.1 のような問題を解く上で確率という学問が必要であることは容易に想像できるであろうが，いずれも日常生活ではほぼ役に立たないというのが本音だと思う。そこで，現時点で解くことは難しいが，もう少し踏み込んだ応用例をいくつか紹介する。

例 1.2　(設計の問題)　**図 1.1** のように 2 個の電池，スイッチ，モータの四つの機器で構成される製品（直流モータ駆動回路）を考える。

この製品を使用するにあたり最も起こってほしくないのは「モータの不動作」という場合である。モータの不動作の原因となるのは 2 個の電池やスイッチ，そしてモータそのものの故障である。よって，このモータ不動作の確率をなるべく低下させるためには，これらの機器が故障する確率を低下させるとよい。しかし，設計や開発に伴う費用には制限があるため，す

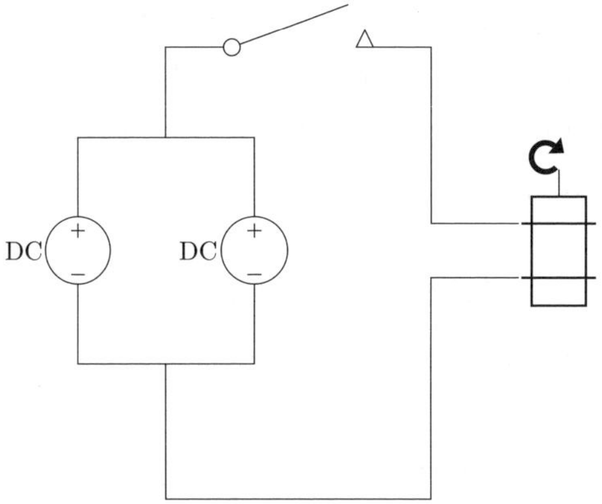

図 1.1　直流モータ駆動回路

べての機器の故障確率を低下させることはできないことがある。また，いうまでもなく技術的に確率をゼロにすることも不可能である。このとき，どの機器の故障確率を優先的に低下させるように設計すべきだろうか？

この問題は確率を求めることができれば解決できそうだ，ということは容易に想像できるであろう。確率に関する問題はどうしても「確率を求める」ことが最終目的になってしまうが，現実的には確率を求めた後でなんらかの意思決定を行うことで初めて役に立つことが多い。求めた確率をどのように使うかは確率論の役割ではないため，なぜ確率を求めるのかが確率の世界だけでは漠然として見えていないことが多い。

上の例は非常に単純なので，仮に各機器の故障確率が与えられれば難なく確率を求めることができるが，構造が複雑になるとこれは容易ではない。つぎの例は単に確率がわかっただけでは解決できない問題である。

例 1.3　(仕入れ量の決定 1)　あるコンビニエンスストアでは弁当を販売している。1 日に売れる弁当の数は事前にはわからず確率的に変動する。余った弁当は廃棄処分にする必要があるため，あまり沢山仕入れると店にとっては損失になる。一方，売り切れてしまった場合，その後で弁当を買

いに来た客がいると本来得られたはずの収入が得られないことになるため，仕入れる量が少なすぎるのも問題である。弁当の原価と販売価格，および廃棄処分に伴う費用がすべてわかっているとき，いったいどれくらい仕入れるとよいだろうか？

この例で確率を考えるのは1日に売れる弁当の数である。仮にこれが一定 (n) ならば $m\ (>n)$ 個の弁当を仕入れたときの売上げ，$m-n$ 個余ったときの損失を具体的に計算できるため，最終的な利益が得られ，最適な仕入れ量を決定できる。実際には n が確率的に変動するため，利益を得ることは簡単ではないが，弁当が N 個売れる確率 p_N が与えられれば利益（正確には期待利益）を求めることができる。よって，n が一定の場合よりも式が複雑で少し難しくなるが，利益を求めこれを最大とする仕入れ量を決定できる。この例は新聞売子問題と呼ばれる有名な問題であり，オペレーションズリサーチや在庫管理（生産管理）などの分野で取り上げられている。

1.3　基本用語の定義

確率的な考え方を数学的に正しく記述するため，いくつかの重要な用語を定義する。注目している確率的な現象に対し，実験や観測などを行ってある一つの結果を得るための行動を**試行**（trial）という。そして，この試行によって得られる可能性のある一つ一つの結果を**根元事象**（sample point，または**標本点**）と呼ぶ。通常，根元事象は ω という記号（ギリシャ文字のオメガ）で表されるため，本書でもこの記号を用いる。すべての根元事象で構成された集合 Ω を**標本空間**（sample space），標本空間の任意の部分集合を**事象**（event）という。Ω は ω の大文字である。根元事象は集合（事象）の要素になるため，これを $\omega \in A$ で表す。また，任意の事象 A が標本空間の部分集合であるという事実を $A \subset \Omega$ で表す。当然のことながら標本空間自体も一つの事象となっているため，**全事象**（whole event）といういい方をすることもある。定義からわかるように標本空間（全事象）は試行によって起こり得るすべての結果を含んでいる。一方，根元事象を一つももたない事象を**空事象**（void events）と呼び，$\emptyset$ という記号で表す。

例えば，例 1.1 (4) における根元事象，標本空間，事象は以下のようになる。

$$\omega_{ij} = \text{大きなサイコロの目が } i\text{，小さなサイコロの目が } j$$

$$\Omega = \{\omega_{ij} : 1 \leqq i \leqq 6,\ 1 \leqq j \leqq 6\}$$

$$A = \{\omega_{ij} : i + j \geqq 5\}$$

このとき，標本空間に含まれる根元事象の数は全部で 36 となる。

以上の事実から，事象 A の生起する確率 $\Pr\{A\}$ を求めるための準備がある程度整ったことになる†。ここで重要なのは根元事象 ω_{ij} は先に定義したように結果を示したものであり，数値ではないことである。標本空間 Ω や事象 A は根元事象で構成されるため，同じく数値ではない。よって，これらを用いて一般的な四則演算を行うこともできない。なぜわざわざこのようなことを述べるかというと，初学者は事象と事象の生起する確率，そして後述する確率変数を混同してしまい，根元事象自体がなんらかの数値で表されると思い込んでしまうためである。比較的単純な内容であればこの辺を十分理解できていなくても特別困ることはないが，もっと高度な内容を勉強するときには問題となる。

1.4　組合せ的確率と統計的確率

例 1.1 のような問題を解く場合，根元事象，標本空間，そして事象が定まると，以下のように確率を求めることができる。例えば例 1.1 (1) で x 円のコインが表（head）となる事象を $\omega_{(x,H)}$，裏（tail）となる事象を $\omega_{(x,T)}$ で定義すると，標本空間は

† 厳密には後述する組合せ的確率で示すように別の前提条件（仮定）が必要である。

$$\Omega = \{(\omega_{(1,H)}, \omega_{(10,H)}, \omega_{(100,H)}), (\omega_{(1,T)}, \omega_{(10,H)}, \omega_{(100,H)}),$$
$$(\omega_{(1,H)}, \omega_{(10,T)}, \omega_{(100,H)}), (\omega_{(1,H)}, \omega_{(10,H)}, \omega_{(100,T)}),$$
$$(\omega_{(1,T)}, \omega_{(10,T)}, \omega_{(100,H)}), (\omega_{(1,T)}, \omega_{(10,H)}, \omega_{(100,T)}),$$
$$(\omega_{(1,H)}, \omega_{(10,T)}, \omega_{(100,T)}), (\omega_{(1,T)}, \omega_{(10,T)}, \omega_{(100,T)})\}$$

となり，起こり得る結果は全部で 8 通りとなる。この問題で考えている 2 枚が裏である事象 A は

$$A = \{(\omega_{(1,T)}, \omega_{(10,T)}, \omega_{(100,H)}), (\omega_{(1,T)}, \omega_{(10,H)}, \omega_{(100,T)}),$$
$$(\omega_{(1,H)}, \omega_{(10,T)}, \omega_{(100,T)})\}$$

で表されることになり，こちらは全部で 3 通りとなる。よって，これらの根元事象の生起が同様に確からしい，すなわちすべて等確率で発生すると仮定できる場合，事象 A の生起確率 $\Pr\{A\}$ は

$$\Pr\{A\} = \frac{A\text{に含まれる根元事象の数}}{\text{標本空間に含まれる根元事象の数}} = \frac{3}{8}$$

となる。

よって，これまでの議論から確率を以下のように定義できる。

定義 1.1　確率の組合せ的定義

標本空間 Ω と事象 A に含まれる根元事象の数をそれぞれ n, n_a とする。このとき，各根元事象の生起確率が同程度に確からしいとき，事象 A の生起確率 $\Pr\{A\}$ は

$$\Pr\{A\} = \frac{n_a}{n}$$

で与えられる。これを**組合せ的確率**という。

同様に確からしいという前提条件の下では各根元事象が生起する確率が 1/8 であることもわかる。ここで各コインを投げたときは表と裏のどちらかの結果

しか出てこないので，表が出る確率と裏が出る確率はどちらも 1/2 となる。すべてとはいい切れないが，高校までに学ぶ確率の話はこのような結果の確からしさの一様性を前提としていることが多い。

定義 1.1 で用いられている確からしさの一様性の仮定は，一見すると当たり前というか，きわめて自然な仮定に思える。しかし，さまざまな状況を考えた場合，この仮定が成り立たないこともある。以下にその例を挙げよう。

例 1.4　(入学試験)　来年大学受験を控えている A 君は絶対浪人したくないため，滑り止めを含め五つの大学の受験を考えている。結果は合格と不合格の 2 通りなので合格する確率は 1/2 と見なし，浪人しない，すなわち少なくとも一校合格する確率を

$$1-\left(\frac{1}{2}\right)^5=\frac{31}{32}\simeq 0.97$$

と計算した。これは正しいといえるか？

例 1.4 の結果が誤りであることは誰でも気づくであろう。しかし，もし同程度に確からしいという前提に基づけば上の確率は正しいことになる。なにが問題なのかというと同程度に確からしいという前提である。得られる結果は合格と不合格の 2 通りだが，滑り止めは合格の可能性が高い大学を選ぶ一方，第一志望は単にチャレンジするという気持ちで望むこともあり得る。そう考えると合格と不合格の確率を 1/2 として確率を計算するのは明らかにおかしい。滑り止めの大学に合格する確率は 1/2 よりも大きく，逆に第一志望の場合は 1/2 よりも小さいと考えるのが自然であろう。いま考えている例の場合，例えばある学生と同じ学力（例えば偏差値が同じ）の者 20 名が過去に受験し，そのうち 10 名が合格したので，その学生が合格する確率は 1/2 である，という具合に結論づける考え方のほうが適切ではないだろうか。

ここで示した確率の考え方は実際に確率的な現象に対する観測を行い，その結果から確率を求めていることになる。ただ観測を行った回数があまりにも少

ないといま一つ結果を信頼できないし，観測回数が多くてもまったく異なる条件（上の例であれば偏差値の異なる学生の受験）では意味がない。以上のような背景から，定義 1.1 とは別の確率の定義が得られる。

定義 1.2　確率の統計的定義

同一条件の下で n 回の観測を行い，その結果として事象 A が $f_n(A)$ 回発生したとき，事象 A の相対頻度 $f_n(A)/n$ が

$$\Pr\{A\} = \lim_{n\to\infty} \frac{f_n(A)}{n}$$

のように収束するならば，$\Pr\{A\}$ を事象 A の**生起確率**とする。

入学試験の例でいえば，同一条件というのが同じ学力の学生を意味する。また，観測と書いたが，これは実験などの行為を通してなんらかの値を得るということである。この統計的定義の下では，コイン投げのときのように裏と表の出る確率が 1/2 であることを前提とする必要もない，すなわち，結果の一様性という仮定を無視して確率を考えることができる。ここで，上記のように相対頻度がある一つの値に収束するということは一般的に成立するのであろうか。これ

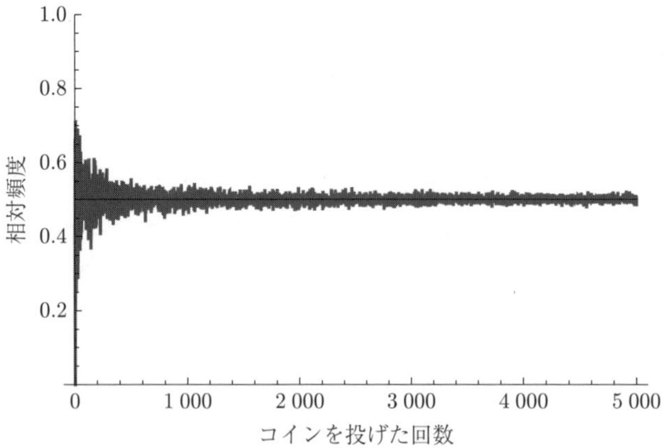

図 1.2　コイン投げ

はコインを実際に何度も繰り返し投げつづけて試してみればいずれは確認できることだが，それはさすがに面倒である。そもそも何回くらいコインを投げたら収束するのかわからない。このようなときに役に立つのがシミュレーションである。

図 1.2 からわかるように，相対頻度が収束すれば組合せ的定義の問題点を解決できそうに見える。確かに統計的定義では確からしさに関する一様性の仮定は必要ないが，相対頻度を考えている以上確率が観測回数によって異なることになってしまう。加えて，相対頻度がある一つの値に必ず収束する（一意性が成立する）必要があるが，さまざまな確率的な現象を想定すると，この性質がつねに成り立つことを保証するのはきわめて難しいように思われる。よって，統計的定義でも確率を過不足なく定義する上ではまだ不十分ということになる。

2

確率の基礎概念

本章では 1 章で説明した二つの定義の問題を回避できる新たな枠組みを与える。これに伴って少々話が抽象的になってしまう部分があり，この抽象化が確率を難しくしてしまう。このため厳密な定義とそれに基づいた議論は他の文献に譲り，基礎的な内容を学ぶ上で支障がない範囲で確率の定義を与える。また，この定義に基づいていくつかの重要な性質や結果を紹介する。

2.1 確率の定義

確率を考える上で標本空間が必要となることはすでに 1 章で述べた。そこでは標本空間 Ω が根元事象 ω で構成されており，いくつかの根元事象の集まり (集合)，すなわち標本空間の部分集合が事象となることも理解できたであろう。1 章で示した例はいずれも有限個の根元事象で標本空間が構成されていたが，さまざまな偶然性を伴う現象を考えた場合，必ずしも有限になるとはかぎらない。このとき，無限個の根元事象の中のいくつかで構成される事象すべてに対して確率を定義すると，数学的に議論する上で問題が生じるかもしれない。実際組合せ的定義や統計的定義の下ではある仮定（結果の一様性や一意性）を満たさないと確率を考えることができなかったことの類推からも，“なんらかの問題” があるかもしれないことは十分に予想できるはずである。

そこで，標本空間のすべての部分集合に対して確率を定義するのではなく，数学的に問題が生じない部分集合に対してのみ確率を考え，この確率を定義してもよい部分集合を事象と呼ぶことにする。このとき，この確率を定義してもよい部分集合の集まり[†]を $\mathcal{F}$（エフ）という記号で表す。よって，$A \in \mathcal{F}$ なる事象 A に対しては，確率を考えることができるということになる。

つぎにそもそも確率とはなんであり，どのような性質をもつべきかを考える。まずは事象の起きやすさを表す大きさ（量・値）であるため，ある事象が絶対起きないのであれば最小値を，必ず起きるのであれば最大値をとると考えるとわかりやすい。そこで，$\mathcal{F}$ のすべての要素に対して 0 以上 1 以下の値を割り当てる。さらに，$A \in \mathcal{F}$ が集合であることを踏まえ，以下のような定義を考える。

定義 2.1　確率の公理論的定義

標本空間 Ω の部分集合の集まり $\mathcal{F}$ に対し，以下のような関数 Pr を考える。

条件 1　任意の事象 $A \in \mathcal{F}$ に対し，$0 \leqq \Pr\{A\} \leqq 1$ である。

条件 2　$\Pr\{\Omega\} = 1$ である。

条件 3　$A_1, A_2, \cdots, A_n \in \mathcal{F}$ に対し，$A_i \cap A_j = \emptyset\ (i \neq j)$ であるとき

$$\Pr\left\{\bigcup_{i=1}^{n} A_i\right\} = \sum_{i=1}^{n} \Pr\{A_i\}$$

である。ただし，n は無限大も許す。

このとき，この三つの条件を満たす関数 $\Pr\{\cdot\}$ を**確率**と呼ぶ。

定義 2.1 は（コルモゴロフの）**確率の 3 公理**（axioms of probability）と呼ばれる。なお，$A \cap B = \emptyset$ を満たすとき，A と B は**互いに排反**（mutually disjoint）であるという。この定義を満たすような $\mathcal{F}$ をどのように見つけるのか，本当に存在するのかというような問題は，少なくとも応用の場面ではあまり気にしなくてよい。

いままでの定義に比べると少しわかりにくいような印象があるかもしれないが，上記 3 条件は以下のような意味をもつ。条件 1 は確率が必ず 0 以上 1 以下

---

† これを**シグマ集合体**と呼ぶ。

となることを，条件 2 は試行の結果，標本空間に含まれるいずれかの事象（根元事象），すなわち試行によって起こり得るいずれかの結果が起こることを表しており，これまでの経験からこの条件が成立するのは至極当然なこととうなずけるだろう。最後に条件 3 を考える。まず

$$\bigcup_{i=1}^{n} A_i = A_1 \cup A_2 \cup \cdots \cup A_n$$

であることに注意すると，$\bigcup_{i=1}^{n} A_i$ は $A_1, \cdots, A_n$ のいずれかの事象が少なくとも一つは起こることを表している。そして，$A_i \cap A_j = \emptyset$ は A_i と A_j という二つの事象が同時に起こることはないことを指している。二つの事象が同時に起こらないということは三つ以上の事象が同時に起こることもない。よって，条件 3 は n 個の事象の少なくとも一つが起こる確率は，任意の二つ（以上）の事象が同時に起こることがないとき，それぞれの事象が生起する和で表されることを意味している。

このように定義 2.1 は確率を考える上で望ましい性質を有していることがわかる。しかし，確率を扱う上ではこれら三つだけでは不十分である。そこで，三つの公理を用いることでさまざまな性質が得られることを次節で述べる。

2.2 確率の性質

定義 2.1 の 3 公理を用いて確率に関するいくつかの性質を導く。なお，以下特に断わりがないかぎり，標本空間 Ω と事象の集まり $\mathcal{F}$ は適切に定義されており，また想定する事象は $\mathcal{F}$ の要素であることを前提とする。

まず A, B を事象として以下を定義する。

1. **和事象**：事象 A と事象 B のどちらかに含まれる根元事象の集合を**和事象**（union of events）と呼び

$$A \cup B = \{\omega : \omega \in A \text{ または } \omega \in B\}$$

で表す。∪ の記号は「または」,「カップ」あるいは「ユニオン」などと読む。

2. **積事象**：事象 A と事象 B の両方に含まれる根元事象の集合を**積事象**（intersection of events）と呼び

$$A \cap B = \{\omega : \omega \in A \text{かつ} \omega \in B\}$$

で表す。∩ の記号は「かつ」,「キャップ」あるいは「インターセクション」などと読む。

3. **余事象**：事象 A に属さない根元事象の集合を**余事象**（complementary event）と呼び

$$A^c = \{\omega : \omega \notin A\}$$

で表す。この書き方で「A の余事象（あるいはコンプリメント）」などと読む。c の記号は complemantary という英語の頭文字である。

4. **差事象**：事象 A には属するが事象 B には属さない根元事象の集まりを**差事象**（difference of events）と呼び

$$A \backslash B = \{\omega \in A \text{かつ} \omega \notin B\}$$

で表す。\ の代わりに −（マイナス）を用いることもあるが，実数や整数の引き算と同じで紛らわしいので，それと違うことを主張するため，上のような記号が用いられている。

これらの事象の関係性はベン図を用いるとわかりやすい。これに加え，排反事象と事象の包含関係（部分集合）を表した図を**図 2.1**〜**図 2.6** に示す。

図 2.1〜図 2.4 は色が濃くなっている部分がそれぞれの事象を表している。排反事象は空集合を意味するため，図 2.5 に示すように色の付いている部分がない。図 2.6 は部分集合となっている事象のみを強調している。図 2.5 より余事象の場合は

$$A \cup A^c = \Omega, \qquad A \cap A^c = \emptyset$$

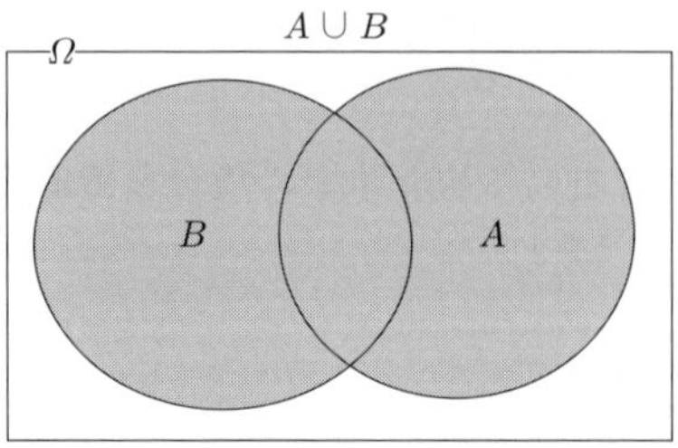

図 2.1　和　事　象

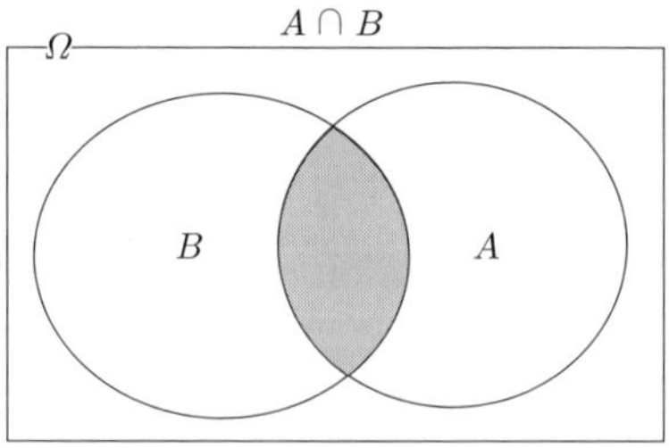

図 2.2　積　事　象

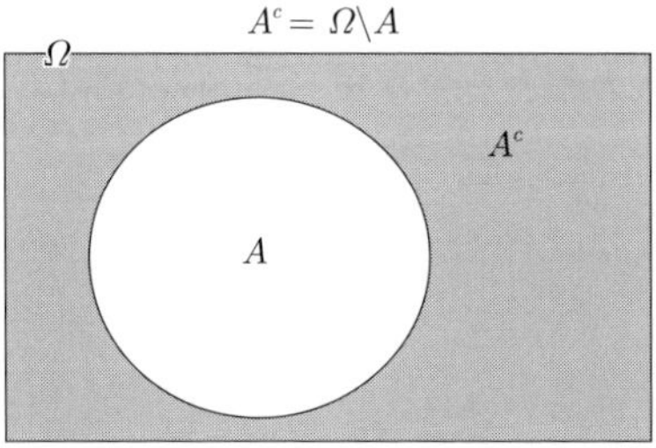

図 2.3　余　事　象

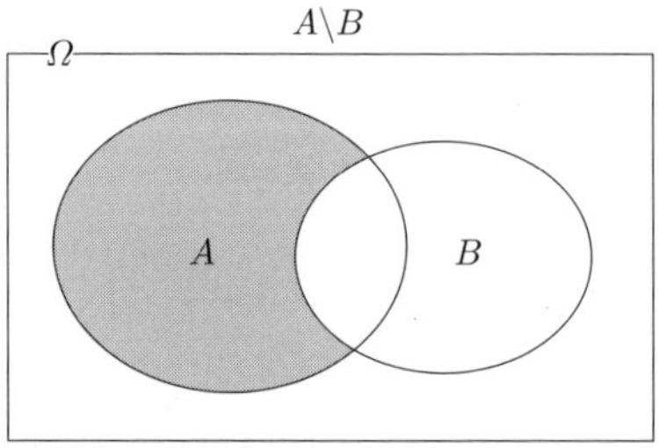

図 2.4　差　事　象

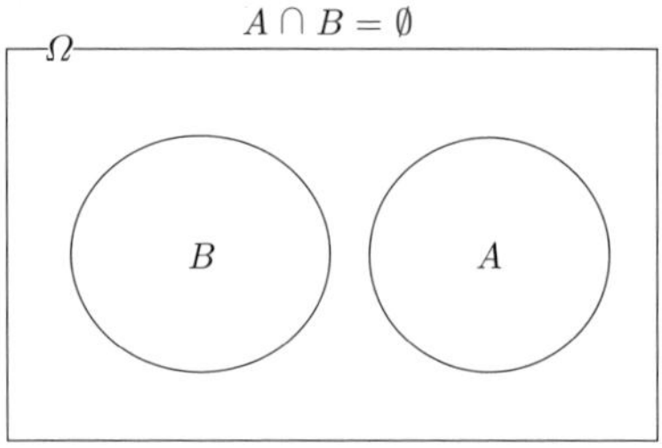

図 2.5　排反事象

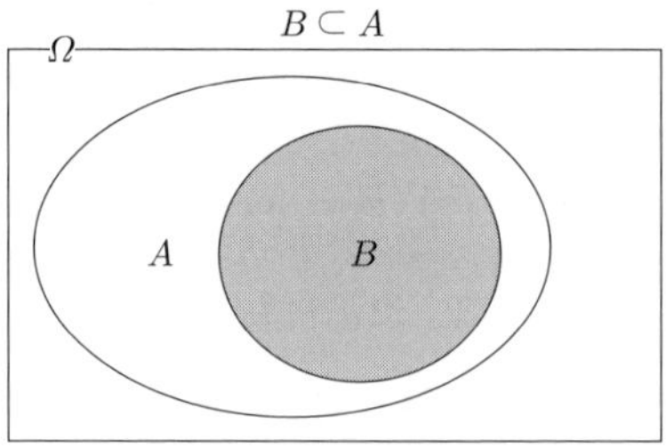

図 2.6　事象の包含

となることもわかる。

このように考える事象が少ない場合はベン図を描くことで全体を見通しやすくなることは事実だが，頼り過ぎるのはよくない。特に事象数が多くなると本来は起こり得る事象，特に積事象や和事象を見落とす可能性がきわめて高くなる。以降では確率に関するさまざまな定理や性質を紹介するので，それらを使って確率を求めることができるようになるとよい。上記のような理由から，ベン図はあくまでも補助的に用いるというスタンスが望ましいであろう。なお，数学的すぎる内容になるので詳細は割愛するが，$A \in \mathcal{F}$ なら $A^c \in \mathcal{F}$ であり，$B \in \mathcal{F}$ なら A と B の和事象，積事象，差事象のいずれも $\mathcal{F}$ に含まれる。

つぎに三つの事象 A_1, A_2, A_3 を考える。事象は集合を表すため，以下のような関係（法則）が成り立つことが知られている。

(1) **交換法則**

$$A_1 \cup A_2 = A_2 \cup A_1, \qquad A_1 \cap A_2 = A_2 \cap A_1$$

(2) **結合法則**

$$(A_1 \cup A_2) \cup A_3 = A_1 \cup (A_2 \cup A_3),$$
$$(A_1 \cap A_2) \cap A_3 = A_1 \cap (A_2 \cap A_3)$$

(3) **分配法則**

$$(A_1 \cup A_2) \cap A_3 = (A_1 \cap A_3) \cup (A_2 \cap A_3),$$
$$(A_1 \cap A_2) \cup A_3 = (A_1 \cup A_3) \cap (A_2 \cup A_3)$$

(4) **ド・モルガンの法則**

$$(A_1 \cap A_2)^c = A_1^c \cup A_2^c, \qquad (A_1 \cup A_2)^c = A_1^c \cap A_2^c$$

上の法則では三つの事象を想定しているが，四つ以上の場合も同様に成り立つ。

以上の法則や確率の公理を用いると，これまではベン図を用いたり直観的に理解したりすることが当然だったさまざまな性質を導くことができる。

命題 2.1　確率の基本的性質

(1) $\Pr\{\emptyset\} = 0$ である。

(2) $\Pr\{A\} + \Pr\{A^c\} = 1$ である。

(3) $A \subset B$ のとき，$\Pr\{A\} \leqq \Pr\{B\}$ である。

(4) $\Pr\{A \cup B\} = \Pr\{A\} + \Pr\{B\} - \Pr\{A \cap B\}$ である。

証明

(1) $A_1 = \Omega$, $A_i = \emptyset\ (i \geqq 2)$ とおくと

$$\Omega = \bigcup_{i=1}^{\infty} A_i = A_1 \cup A_2$$

であり，$i \neq j$ のとき $A_i \cap A_j = \emptyset$ であるから，定義 2.1 の条件 3 より

$$\Pr\{\Omega\} = \Pr\left\{\bigcup_{i=1}^{\infty} A_i\right\} = \sum_{i=1}^{\infty} \Pr\{A_i\} = \Pr\{\Omega\} + \sum_{i=2}^{\infty} \Pr\{\emptyset\}$$

が成り立つ。よって，$\Pr\{\emptyset\} = 0$ である。

(2) $A_1 = A$, $A_2 = A^c$, $A_i = \emptyset\ (i \geqq 3)$ とおくと $i \neq j$ のとき $A_i \cap A_j = \emptyset$, $\Omega = A_1 \cup A_2$ であるから，定義 2.1 の条件 1〜3，および先ほど証明した命題 2.1 (1) より

$$\Pr\{\Omega\} = \Pr\left\{\bigcup_{i=1}^{\infty} A_i\right\} = \sum_{i=1}^{\infty} \Pr\{A_i\} = \Pr\{A\} + \Pr\{A^c\} = 1$$

が成り立つ。

(3) $A \subset B$ のとき，$B = A \cup (B \backslash A)$ と表すことができる。差事象の定義より A と $B \backslash A$ は互いに排反である。このとき，定義 2.1 の条件 3 より

$$\Pr\{B\} = \Pr\{A \cup (B \backslash A)\} = \Pr\{A\} + \Pr\{B \backslash A\}$$

が成り立つ。定義 2.1 の条件 1 より $\Pr\{B \backslash A\} \geqq 0$ であるから $\Pr\{B\} \geqq \Pr\{A\}$ となる。

(4) ベン図を描くとわかるが，A と B の和事象は互いの差事象を用いて $A \cup B = (A \backslash B) \cup (B \backslash A) \cup (A \cap B)$ と表すことができる。このとき，$A \backslash B$, $B \backslash A$, $A \cap B$ はすべて互いに排反となっているため，定義 2.1 の条件 3 より

$$\Pr\{A \cup B\} = \Pr\{A \backslash B\} + \Pr\{B \backslash A\} + \Pr\{A \cap B\}$$

と表すことができる。ここで $A = (A \backslash B) \cup (A \cap B)$ とすると $A \backslash B$ と $A \cap B$ も排反なので

$$\Pr\{A\} = \Pr\{A \backslash B\} + \Pr\{A \cap B\}$$

となる。同様に

$$\Pr\{B\} = \Pr\{B \backslash A\} + \Pr\{A \cap B\}$$

である。以上の関係を用いると

$$\begin{aligned}\Pr\{A\cup B\} &= \Pr\{A\}-\Pr\{A\cap B\}+\Pr\{B\}-\Pr\{A\cap B\}+\Pr\{A\cap B\}\\ &= \Pr\{A\}+\Pr\{B\}-\Pr\{A\cap B\}\end{aligned}$$

が得られる。

□

定義 2.1 の条件 3 が互いに排反な事象の和事象を表しているのに対し，命題 2.1 の (4) は排反でない事象を考えていることになる。よって，$A\cap B=\emptyset$ ならば両者の結果は一致する。ただ，ここで説明した性質を知らなくても，ベン図を描けば容易に結果を得られるであろう。それでは三つ以上の事象ならばどうなるか。実際に図を描いてみなくても事象の数が多くなるほど複雑でわかりにくくなることは容易に想像できるはずである。そのような場合，これらの性質を一般化した以下の定理が役に立つ。

定理 2.1　一般加法定理

有限個の事象 A_1, A_2, $\cdots$, A_n に対し

$$\Pr\left\{\bigcup_{i=1}^{n} A_i\right\} = \sum_{i=1}^{n}\Pr\{A_i\} - \sum_{i<j}\Pr\{A_i\cap A_j\} + \sum_{i<j<k}\Pr\{A_i\cap A_j\cap A_k\} + \cdots + (-1)^{n-1}\Pr\left\{\bigcap_{i=1}^{n} A_i\right\}$$

が成り立つ。

定理 2.1 は**加法定理**（addition theorem）あるいは**ポアンカレの定理**などとも呼ばれている。

この定理は一般的な形で書かれているため，特にシグマの記号の使い方がわかりにくいかもしれない。$\displaystyle\sum_{i<j}$ は番号の付いている n 個の事象のうちの二つに注目し，$i<j$ という関係を満たす積事象 $A_i\cap A_k$ だけを考えるということである。他も同様である。例えば，$n=3$ の下での $\displaystyle\sum_{i<j}$ の項は $(1,2), (1,3), (2,3)$ の計 3

個の積事象の組合せを考え，これらの生起確率を足せばよい。これを書き下すと

$$
\begin{aligned}
&\Pr\{A_1 \cup A_2 \cup A_3\}\\
&= \Pr\{A_1\} + \Pr\{A_2\} + \Pr\{A_3\}\\
&\quad - (\Pr\{A_1 \cap A_2\} + \Pr\{A_1 \cap A_3\} + \Pr\{A_2 \cap A_3\})\\
&\quad + \Pr\{A_1 \cap A_2 \cap A_3\}
\end{aligned}
$$

となる。

2.3　条件付き確率と独立性

二つの事象 A, B を想定した場合，和事象や積事象は $A \cup B$ や $A \cap B$ を考えているため，これはまだ起こっていない A と B という二つの結果に着目していることになる。偶然性を伴う現象に直面した場合，この未知な結果の中の一部が徐々に明らかになることもある。これを事象で考えると，A と B のいずれか一方の結果が先にわかるということである。このような場合はつぎに説明する条件付き確率の考え方が必要になる。

2.3.1　条件付き確率

事象を A, B としたとき，条件付き確率の定義は以下のように与えられる。

定義 2.2　条件付き確率の定義

$\Pr\{B\} > 0$ のとき

$$
\Pr\{A|B\} = \frac{\Pr\{A \cap B\}}{\Pr\{B\}}
$$

で表される確率 $\Pr\{A|B\}$ を，事象 B が生起するという条件の下で事象 A が生起する**条件付き確率**（conditional probability）という。

定義 2.2 からわかるように条件付き確率は積事象の生起確率を用いて表され

る。このため，以下のように変形した式を用いて条件付き確率から積事象を求めることもある。

$$\Pr\{A \cap B\} = \Pr\{B\}\Pr\{A|B\} \tag{2.1}$$

これを乗法定理（公式）などと呼ぶ。式 (2.1) は二つの事象だけだが，より多くの事象を想定したのが以下の一般乗法定理である。

定理 2.2　一般乗法定理

事象 A_i $(i = 1, \cdots, n)$ が $\Pr\{A_1 \cap A_2 \cap \cdots \cap A_{n-1}\} > 0$ を満たすとき

$$\begin{aligned}&\Pr\{A_1 \cap A_2 \cap \cdots \cap A_{n-1} \cap A_n\}\\&= \Pr\{A_1\}\Pr\{A_2|A_1\}\Pr\{A_3|A_1 \cap A_2\}\cdots\Pr\{A_n|A_1 \cap \cdots \cap A_{n-1}\}\end{aligned}$$

が成り立つ。

一般乗法定理を単に**乗法定理**（multiplication theorem）と呼ぶこともある。定理 2.2 は定義 2.2 に基づいて式を変形すれば証明できる。

乗法定理 2.2 は積事象の生起確率を求めるための考え方も与えてくれている。いきなり複数の事象を同時に考えるのではなく，まず A_1 だけ考え，つぎに A_1 が起こったことを前提として A_2 を考え，さらにそのつぎには A_1 と A_2 が両方とも起こったことを前提に A_3 を，という具合である。もしこれらの事象が時系列のような流れで決まったりあるいは因果関係のようなものがあれば，先に発生する事象を条件部分にすることで条件付き確率がわかりやすくなることが多い。そして，積事象の生起確率がわかれば，加法定理 2.1 を用いることで，和事象の生起確率も計算できる。よって，定義 2.2 で条件付き確率の定義を与えたが，確率的な現象を扱う上では（おそらく）乗法定理のほうが役に立つ。

2.3.2　ベイズの定理

改めて式 (2.1) に注目してみる。$B \cup B^c = \Omega$ であるから $A = (A \cap B) \cup$

$(A \cap B^c)$ が成り立つ。これはベン図を描けば容易にわかる。$A \cap B$ と $A \cap B^c$ は排反なので，定義 2.1 の条件 3 と式 (2.1) を用いると

$$\begin{aligned} \Pr\{A\} &= \Pr\{A \cap B\} + \Pr\{A \cap B^c\} \\ &= \Pr\{B\}\Pr\{A|B\} + \Pr\{B^c\}\Pr\{A|B^c\} \end{aligned} \tag{2.2}$$

という関係が得られる。このとき，事象 B をもっと細かく分割したものが以下の定理である。

定理 2.3　全確率の定理

$\Omega = \bigcup_{i=1}^{n} B_i$，$B_i \cap B_j = \emptyset$ $(i \neq j)$ で $\Pr\{B_i\} > 0$ $(i = 1, \cdots, n)$ のとき

$$\Pr\{A\} = \sum_{i=1}^{n} \Pr\{B_i\}\Pr\{A|B_i\}$$

が成り立つ。

定理 2.3 を**全確率の定理**（total probability theorem）という。なお，n は無限大も許す。証明は式 (2.2) のように考えれば容易にわかるであろう。

全確率の公式からつぎのようなことがわかる。いま，事象 A が生起する確率を知りたいがこれを求めるのが容易でないという状況を想定する。このとき，事前にわかっていると確率を求めやすい別の事象 B_i を考え，さらに全確率の公式を用いることでこの意図する確率を知ることができる，というのがこの定理 2.3 の意味するところである。B_i が排反で和事象が全事象に一致するという条件の部分は少し面倒に見えるかもしれないが，現象がきちんとわかっていればそれほど厄介ではない。

この全確率の公式から得られるのが，以下の**ベイズの定理**（Bayes' theorem）である。

定理 2.4 ベイズの定理

$\Omega = \bigcup_{i=1}^{n} = B_i,\ \ B_i \cap B_j = \emptyset\ (i \neq j)$ で $\Pr\{B_i\} > 0\ (i = 1, 2, \cdots, n)$ のとき

$$\Pr\{B_i|A\} = \frac{\Pr\{B_i\}\Pr\{A|B_i\}}{\sum_{i=1}^{n} \Pr\{B_i\}\Pr\{A|B_i\}}$$

が成り立つ。

ベイズの定理は B_i が A を引き起こす原因になっているような関係のときに有益な知見が得られる傾向がある。この観点でベイズの定理を解釈するとつぎのようになる。いま，原因に相当する現象（B_i）が発生する確率 $\Pr\{B_i\}$ がわかっており，この現象によって結果に相当する現象（A）が発生する確率 $\Pr\{A|B_i\}$ もわかっている。結果を引き起こす原因は複数ある。ここで結果のみわかっているが原因が不明であるとき，その結果を引き起こしているのがどの原因かという確率 $\Pr\{B_i|A\}$ を知ることができる。このようにベイズの定理は後で起こったこと（結果）から先になにが起こったか（原因）を探るという場面で用いられるため，$\Pr\{B_i\}$ を**事前確率**（prior probability）（結果が起こる前），$\Pr\{B_i|A\}$ を**事後確率**（posterior probability）（結果が起こった後）と呼んでいる。

ベイズの定理を用いると，ときとして直観と異なる結果が得られることがある。ここではその一例を紹介する。

例 2.1 （モンティホール問題） つぎのようなゲームを考える。目の前に簡単に壊すことができる三つの壁（A, B, C）があり，壁の向こうには，二つは泥（不正解）が広がっていて，一つはマット（正解）が敷かれている。このとき，このゲームの参加者は三つの中から一つを選び，その壁に飛び込んで壊し，向こう側に行く。テレビのバラエティ番組でお馴染みの光景ではないだろうか。通常，選択した参加者はそのまま走り出すが，ここで

は少しルールを変え，ゲームの進行役が参加者の選んでいない二つの壁の中から不正解の泥が広がっている壁を一つだけ明かし，参加者に現在の選択を変更してもよいという。このとき，参加者は選択を変更すべきであろうか，それともそのまま変更しないほうがよいのだろうか。

おそらく普通に考えると不正解を明かされただけではなにも変わらないため，変更してもしなくても正解の確率は同じ，したがって変更しないほうがよいと判断するのではないだろうか。これが正しいかどうかはベイズの定理で明らかにすることができる。

まず各壁が正解である事象をそれぞれ A, B, C，進行役が各壁が不正解であると明かす事象をそれぞれ A_o, B_o, C_o とする。まず正解は一つしかないため

$$\Pr\{A\} = \Pr\{B\} = \Pr\{C\} = \frac{1}{3}$$

である。つぎにどれでもよいがとりあえず参加者が A を選び，進行役は B が不正解であると明かすと考える。もし正解が A なら B と C のどちらを明かしてもよいため，特にこだわりがないかぎり進行役は等確率でこれら二つのどちらかを選ぶはずである。正解が B なら絶対に B を明かすことはなく，C が正解ならば必ず B を不正解と明かす。以上より

$$\Pr\{B_o|A\} = \frac{1}{2}, \qquad \Pr\{B_o|B\} = 0, \qquad \Pr\{B_o|C\} = 1$$

が得られる。いま知りたいのは現在の A という選択からの変更の必要性であるため，B が不正解とわかった（明かされた）ときに最初の選択である A が正解となる確率を求めると，ベイズの定理より

$$\begin{aligned}
\Pr\{A|B_o\} &= \frac{\Pr\{A\}\Pr\{B_o|A\}}{\Pr\{A\}\Pr\{B_o|A\} + \Pr\{B\}\Pr\{B_o|B\} + \Pr\{C\}\Pr\{B_o|C\}} \\
&= \frac{\frac{1}{3}\cdot\frac{1}{2}}{\frac{1}{3}\cdot\frac{1}{2} + \frac{1}{3}\cdot 0 + \frac{1}{3}\cdot 1} = \frac{1}{3}
\end{aligned}$$

となる。この結果だけ見ると $\Pr\{A\} = 1/3$ なので最初と確率が変わっておらず変更すべきでないと思ってしまうかもしれない。しかし，すでにBは不正解と明かされているので，変更可能といわれた時点での選択肢はAとCの二つだけである。このため，もし変更した場合は

$$\Pr\{C|B_o\} = 1 - \Pr\{A|B_o\} = \frac{2}{3}$$

より正解の確率が倍になることがわかる。よって，変更したほうがよいというのが結論である。直感と合わないという人がいるかもしれないが，それはこのゲームに設けられているルールの部分が原因ではないだろうか。

2.3.3 独　立　性

A と B という事象の間になんらかの関係性がある場合，必ずしも $\Pr\{A|B\} = \Pr\{A\}$ が成り立つとはかぎらない。しかし，両者がまったく関係ない，すなわち，ある事象の生起がもう一方の事象になんの影響も及ぼさない場合は，つねに等号が成立する。このような現象を二つの事象は**互いに独立**（mutually independent）であるという。独立性をきちんと定義すると以下のようになる。

定義 2.3　独立性の定義

二つの事象 A, B に対して

$$\Pr\{A \cap B\} = \Pr\{A\}\Pr\{B\}$$

が成り立つとき，A と B は互いに独立であるという。

定義 2.3 と条件付き確率の定義 2.2 を用いると，$\Pr\{B\} > 0$ ならば

$$\Pr\{A|B\} = \Pr\{A\}$$

が得られる。これは事象 B の発生が A になんの影響も及ぼさないことを意味

する。当然ながら独立であれば $\Pr\{B|A\} = \Pr\{B\}$ も成り立つ。

なお，A と B が独立であれば，A と B^c，A^c と B，A^c と B^c もすべて独立である。

上の定義は二つの事象だけを考えているが，3 個以上に対して拡張することもできる。

定義 2.4　n 個の事象 $A_1, A_2, \cdots, A_n$ に対し

$$\Pr\{A_1 \cap A_2 \cap \cdots \cap A_n\} = \prod_{i=1}^{n} \Pr\{A_i\}$$

が成り立つとき，これらの事象は互いに独立である。

なお，通常独立な事象の下でベイズの定理や全確率の定理を使うことはない。

先ほど独立性を説明する上で互いに影響を及ぼさないと述べたが，これがどのような意味か簡単な例を通して見てみよう。

例 2.2　箱の中にボールが 7 個入っており，内訳は赤が 4 個で白が 3 個である。ボールは手で触っただけでは色の違いがわからない。この箱の中から色を見ずに以下のルールで 2 回ボールを取り出すことを考える。

ルール 1：ボールを取り出して色を確認したら，そのボールを元に戻してつぎのボールを取り出す。

ルール 2：ボールを取り出して色を確認したら，そのボールを元に戻さないでつぎのボールを取り出す。

いま，i 回目に赤いボールを取り出すという事象を R_i，白いボールを取り出すという事象を W_i として，2 回ともボールが赤であるという確率 $\Pr\{R_1 \cap R_2\}$ を考える。ルール 1 ではボールを元に戻すため，回数に関係なくボールの数も赤と白の割合も変わらない。このとき

$$\Pr\{R_1 \cap R_2\} = \Pr\{R_1\}\Pr\{R_2\} = \frac{4}{7} \cdot \frac{4}{7} = \frac{16}{49}$$

となる。一方，ルール 2 では $\Pr\{R_1\} = 4/7$ という点は変わらない。しかし，ボールを戻さないため，例えば 1 回目が赤なら 2 回目は赤いボールが少なくなり，赤と白が同数になる。以上より，1 回目の結果が 2 回目に影響して上式のような等号は成立しないため，条件付き確率を用いる必要があることがわかる。この例の場合は乗法定理より

$$\Pr\{R_1 \cap R_2\} = \Pr\{R_1\}\Pr\{R_2|R_1\} = \frac{4}{7}\cdot\frac{3}{6} = \frac{2}{7} < \frac{16}{49}$$

となり，独立の場合よりも確率が小さくなる。

章　末　問　題

【1】 事象 A, B に対し，$\Pr\{B\} > 0$ のとき，$0 \leqq \Pr\{A|B\} \leqq 1$ となることを示せ。

【2】 事象 A と B が独立であれば，これらの二つの余事象も互いに独立であることを示せ。

【3】 学生 100 人が在籍するある学科に，三つの会社 $\bar{A}, \bar{B}, \bar{C}$ から求人の通知が来ている。どの学生もこれらのいずれかの採用試験に応募しているものとする。そのうち，$\bar{A}$ の試験を受けた者が 60 人，$\bar{B}$ の試験を受けた者が 50 人，$\bar{C}$ の試験を受けた者が 40 人いる。また，$\bar{A}$ と $\bar{B}$ の両方の試験を受けた者が 25 人，$\bar{A}$ と $\bar{C}$ の試験を両方受けた者が 20 人，$\bar{B}$ と $\bar{C}$ の両方の試験を受けた者が 15 人いたとする。ここでこの学科のある 1 人の学生を任意に選んだとき，この学生が 3 社すべての試験を受けている確率を求めよ。

【4】 n 人の履歴書と写真があるが，どの履歴書とどの写真がマッチしているかまったくわからない。そこで，でたらめに組み合わせたとき，少なくとも 1 組は正しい確率を知りたい。以下の問いに答えよ。

(1) A_k を k 番目の人の履歴書と写真が正しく組み合わされるという事象としたとき，その確率 $\Pr\{A_k\}$ を求めよ。

(2) $j \neq k$ のとき確率 $\Pr\{A_j \cap A_k\}$ を求めよ。

(3) $A_j \cap A_k$ となるときの組合せの数を求め，$\displaystyle\sum_{j<k}\Pr\{A_j \cap A_k\}$ を計算せよ。

(4) 確率 $\Pr\{A_1 \cap A_2 \cap \cdots \cap A_n\}$ を求めよ。

(5) $n \to \infty$ のとき，少なくとも 1 組は組合せが正しい確率を求めよ。

【5】 $\Pr\{A\} = 3/4$，$\Pr\{B^c\} = 2/3$ であるとき，事象 A と B は排反といえるか。

【6】 ある国では郵便事情が悪いため，1 日に配達される M 通の手紙のうち m 通が集配の途中で紛失してしまう。このような状況で，A 氏が B 氏にある期限までに返信を求めた手紙を出したのに，B 氏から A 氏に返信が届かなかった。A 氏が出す手紙は 1 通だけで B 氏が A 氏の手紙を読めば必ず期限に間に合うよう返事を出すものとして，A 氏の手紙が B 氏に届いていない確率を求めよ。

【7】 二つの事象 A と B について

$$\Pr\{B|A\} + \Pr\{B^c|A^c\} = 1$$

が成り立つ。このとき，A と B は独立といえるか。

【8】 A の袋には赤球 7 個と白球 3 個が入っていて，B の袋には赤球 2 個と白球 8 個が入っている。いま，サイコロを振って 1 の目が出たら A の袋から球を 1 個取り出し，1 以外の目が出たら B の袋から 1 個取り出す。この試行により赤球が取り出されたことがわかったとき，この球が A および B の袋から取り出された確率をそれぞれ求めよ。

【9】 ある人物に対して 100 人に 1 人しか正解を知らないような 4 択の選択問題を出したところ，正解を答えることができた。このとき，当てずっぽうではなく実際に正解を知っていて正解を答えた確率（既約分数）を求めよ。なお，正解を知っているのにわざと誤りを解答することはなく，また，正解を知らない場合に当てずっぽうで解答するとは，各選択肢を等確率で選択することを意味する。

【10】 ある工場で生産している製品は 1 割が不良品であるため，すべての製品に対し，機器を用いて良品か否か検査している。1 回検査したとき，良品を正しく良品と判定する確率が 0.99 であるのに対し，不良品を良品と判定してしまう確率は 0.05 である。一つの製品を 3 回独立に検査した結果，すべて良品と判定されたら出荷するのに対し，1 回でも不良品と判定された場合は出荷停止となる。検査回数が 3 回に達していなくても不良品と判定されたらそれ以降の検査は実施しない。以下の問いに答えよ。

(1) 良品が出荷停止となる確率を求めよ。

(2) 出荷停止となった製品が良品である確率を求めよ。

3 確率変数と確率分布

前章では確率の定義と各種の性質について論じた。これで数学的な矛盾が生じることなく確率に関するいろいろな問題に取り組むための準備がある程度整ったことになるが，まだ「なにかに応用する」上では不十分である。

通常，確率的な現象に直面した場合，事象の生起に伴ってなんらかの値が観測可能となることが少なくない。1 時間の降雨量，地震の大きさ，日経平均株価，使用している車が故障するまでの時間，1 日の来店客数などはすべて確率的に変化する値である。仮に値が観測されない場合でも，適当な値を割り当てることができることもある。例えばアンケートへの回答を集計する場合は Yes を 1，No を 0 に対応させている。本章ではこのような値が得られる状況を踏まえた確率的な取扱いを考えていく。

3.1 事象と確率変数

標本空間を Ω，実数値の集まりを $\mathcal{R}$ とする。根元事象 ω は値ではないため，これを用いて四則演算を行うことはできない。そこで，ω の生起によってある値が決まる，すなわち $X : \Omega \to \mathcal{R}$ となる関数 $X(\omega)$ を考えてみる。このとき，例えば適当な二つの根元事象 ω_1, ω_2 を決めると，$a < X(\omega_1), X(\omega_2) \leqq b$ を満たす実数 a, b が必ず存在するはずである。そこで，今度は逆に根元事象ではなく実数 a と b を先に与えると，$a < X(\omega) \leqq b$ を満たす ω の集まり（集合）を考えることができる。これは

$$A = \{\omega : a < X(\omega) \leqq b\}$$

と書くことができる。A は根元事象の集合なので事象ということになる。

2 章で説明したように数学的に矛盾することなく確率について議論するため，標本空間 Ω と同時に確率を定義できる事象の集まり $\mathcal{F}$ を考えることにした。確率変数という概念を導入しても問題が生じないようにするためには，上のように考えた事象 A も確率が定義されている必要がある。すなわち，$A \in \mathcal{F}$ でないと都合が悪い。

以上の議論から確率変数をつぎのように定義する。

定義 3.1　確率変数の定義

任意の実数 a, b に対し

$$\{a < X(\omega) \leqq b\} = \{\omega : a < X(\omega) \leqq b\} \in \mathcal{F}$$

を満たす関数 $X : \Omega \to \mathcal{R}$ を**確率変数**（random variable）と呼ぶ。

定義 3.1 は $\{a < X(\omega) \leqq b\}$ が確率を定義している事象であれば，X を確率変数と呼んでも支障がないという意味である。a と b は ∞ でも負でもなんでもよいので，$X(\omega) < a$，$a \leqq X(\omega)$，$a < X(\omega) < b$，$a \leqq X(\omega) < b$，$X(\omega) < \infty$ などもすべて事象である。

確率変数では ω を省略して単に X と書かれることも多い。また，確率変数は実際の値はまだ観測されておらず，どのような値になるかわかっていない。これに対し，$X(\omega) = x$ と書くと確率変数 $X(\omega)$ の値 x が**観測**されたことを表す。この x のことを**観測値**とか**実測値**などと呼ぶ。通常確率変数をアルファベットの大文字で，観測値を小文字で記すことが多いため，本書でもそれに倣う。

例 3.1　(確率変数の例)　A 君は毎日大学に通っている。大学から徒歩圏内に住んでおり，その日の天候によって通学時間が変わる。晴れなら 12 分，曇りなら 10 分，雨では 20 分かかるという。この現象で確率的に変動するのは天候であるため，晴れであるという事象を ω_f で表すと，これは一つの根元事象となる。同様に曇りと雨という事象をそれぞれ ω_c, ω_r とする

と，標本空間 Ω は

$$\Omega = \{\omega_f, \omega_c, \omega_r\}$$

である。このとき，各根元事象と通学時間を対応させる形で確率変数を考えると

$$X(\omega_f) = 12, \qquad X(\omega_c) = 10, \qquad X(\omega_r) = 20$$

となる。

上の例で雨の日と晴れの日ではどれくらい通学時間が違うかは，$20 - 12$ を計算して 8 分であることが容易にわかる。根元事象は四則演算には不向きだが，確率変数という概念を導入することでいわゆる加減乗除といった演算が可能となる。これによって確率的な現象に対して定量的な評価尺度を設定することができるようになる。また，確率変数に四則演算を施しても確率変数であることに変わりはない。これをまとめると以下のようになる。

X と Y がいずれも確率変数であれば，$X+Y$，$X-Y$，XY，X/Y $(Y \neq 0)$，aX はいずれも確率変数である。ただし a は定数である。

例 3.1 では天候によってすべて通学時間が異なると考えた。この場合，確率変数の値を観測できれば必ず根元事象を確定できることになる。しかし，雨の日はともかく晴れと曇りで通学時間にそれほど違いがあるとは思えない。仮に晴れでも曇りでも通学時間が 10 分となると，$X(\omega_f) = 10$，$X(\omega_c) = 10$ となり，確率変数の値が観測されても根元事象はどちらかわからない。

このように根元事象と確率変数は必ずしも 1 対 1 で対応しているとはかぎらない。このため，これからは根元事象や標本空間そのものではなく，確率変数の振舞いのみに注目していくことにする。

3.2　離散型分布と連続型分布

確率変数の導入により確率に関する議論はこれまでと大きく異なってくる。

いままでの話は基本的に標本空間 Ω やこれを構成する根元事象 ω に関する情報がすべてわかっている状況を想定していた。1 章の例 1.1 で挙げたような現象がこれに相当する。

これに対し，もっと複雑な現象では，根元事象そのものではなくこれが生起したことによって観測可能となる値，すなわち確率変数 $X(\omega)$ に関する情報しか得ることができず，ω はなにか，あるいは $X(\omega)$ と ω はどのような関係があるのかわからない，という状況の下で議論したほうがいろいろと都合がよい。これらを整理すると以下のようになる。

(1) これまでの問題（確率変数導入前）
  (a) 標本空間 Ω や根元事象 ω がなにか完全にわかる。
  (b) 根元事象を用いて事象を具体的に表現できる。
  (c) 個々の根元事象の生起する確率を知ることができる。

(2) これからの問題（確率変数導入後）
  (a) 標本空間 Ω や根元事象 ω の詳細はわからない。
  (b) 個々の根元事象の生起する確率を知ることができるとはかぎらない。
  (c) 確率変数 $X(\omega)$ は観測可能である。
  (d) 確率変数 $X(\omega)$ と根元事象 ω の関係はよくわからない。

上記 (1) のように標本空間や根元事象に関する情報が完全に得られればいろいろな事象の生起確率を知ることができる。それでは (2) のような状況では確率をどのように考えればよいのだろうか。この問題を解決するため，これから新たな概念を導入する。

3.2.1 確率分布とはなにか

確率変数の定義から

$$\{\omega : a < X(\omega) \leq b\}$$

という事象は確率を定義できる。このため，$X(\omega)$ のとり得る値（あるいはとり得る値の範囲）とその値が出現する確率の組を考えることができる。これを定義としてまとめると以下のようになる。

定義 3.2 確率分布

任意の実数 a, b に対し

$$\Pr\{\{\omega : a < X(\omega) \leqq b\}\} \tag{3.1}$$

を確率変数 X の**確率分布**（probability distribution）という。

確率分布は単に**分布**と呼ぶこともある。なお，今後は $X(\omega)$ と ω の関係を用いずに議論していくため，上記のようにこれからは確率変数を単に X と記すことにする。

a と b は任意の実数なので，特に $a = -\infty$，x を未知数として $b = x$ と書き換えることで関数を考えることができる。このとき

$$F_X(x) = \Pr\{-\infty < X \leqq x\} \tag{3.2}$$

を確率変数 X の**累積分布関数**[†1]（cumulative distribution function，**CDF**）という。また，分布関数を 1 から引いた以下の関数

$$\bar{F}_X(x) \equiv 1 - F_X(x) = \Pr\{X > x\}$$

を用いることも多い[†2]。

3.2.2 離散型確率分布

3.1 節で確率変数を，3.2 節で確率分布をそれぞれ定義したが，応用を想定した場合，これらの定義そのままでは抽象的で少々使い勝手がよくない。そこで，確率変数のとり得る値を整数と実数に分類し，整数の場合を**離散型確率変**

---

†1 累積を省略して単に分布関数と呼ぶことも多い。
†2 あまり一般的とはいえないが補分布あるいは補分布関数という。また，ある特定の分野では生存関数や信頼度関数という用語が用いられる。

数（discrete random variable）†と呼ぶ。また，離散型確率変数に対する確率分布を**離散型確率分布**あるいは**離散型分布**などというが，両者を総称するというような意味合いから単に「**離散型**」と呼ぶこともある。

離散型確率分布を考えることが適切であるような現象として，以下のようなものが挙げられる。

(1) サイコロを投げたときに現れる目
(2) コインを投げたときに表（あるいは裏）の出る回数
(3) 店を訪れる客の数
(4) 廃棄処分するまでに設備が故障する回数
(5) 交差点を通過する車の台数
(6) 店で売れる商品の数

(2) から (6) はある特定の現象が起こる回数を数え上げていることに気づくであろう。必ずとまではいい切れないが，このように確率的に変動する数や値を数えることができるような現象を表すときには，離散型確率分布が用いられている。(1) の現象では，X をサイコロを投げたときに現れる目と見なせば離散型確率変数となる。このとき

$$\Pr\{X = x\} = \frac{1}{6} \qquad (x = 1, \cdots, 6) \tag{3.3}$$

であることは明らかである。この例の場合は x の値に関係なく確率は同じだが，x が異なれば確率が変わることもある。これは上記の確率が確率変数 X のとり得る値 x の関数になっていると解釈できる。

そこで

$$p_X(x) = \Pr\{X = x\} \tag{3.4}$$

で定義される関数 $p_X(x)$ を確率変数 X の**確率質量関数**（probability mass function，**PF**）と呼ぶ。質量を省略して単に「**確率関数**」とすることも多い。

† 厳密には整数である必要はなく，とり得る値が自然数と対応可能であればよい。しかし，本書では整数を前提とした説明となっている他，応用の場面でも整数を想定することが多い。

このとき

$$F_X(x) = \Pr\{-\infty < X \leqq x\} = \sum_{a=-\infty}^{x} p_X(a) \tag{3.5}$$

のように確率関数を用いて分布関数を得ることができる。定義 3.2 より

$$\begin{aligned} \Pr\{a < X \leqq b\} &= F_X(b) - F_X(a) \\ &= \sum_{a<x\leqq b} p_X(x) \end{aligned} \tag{3.6}$$

が成り立つ。このように確率の計算は分布関数と確率関数のどちらを用いても構わないが，通常離散型の場合は確率関数のほうが便利である。離散型確率分布の性質は以下のようにまとめることができる。

離散型確率分布の確率関数の性質

(1)　$0 \leqq p_X(x) \leqq 1$ である。

(2)　$\displaystyle\sum_{x=-\infty}^{\infty} p_X(x) = 1$ である。

(3)　確率関数の値は確率を表す。

離散型確率分布の分布関数の性質

(1)　$0 \leqq F_X(x) \leqq 1$ である。

(2)　$\displaystyle\lim_{x\to-\infty} F_X(x) = 0,\ \lim_{x\to\infty} F_X(x) = 1$ である。

(3)　$a \leqq b$ ならば $F_X(a) \leqq F_X(b)$ を満たす階段型の形状である。

(4)　すべての x と $\varDelta x > 0$ に対し $\displaystyle\lim_{\varDelta x\to 0} F_X(x + \varDelta x) = F_X(x)$ である。

(5)　分布関数の値は確率を表す。

確率関数を表す場合はさまざまな形状を考えることができる。**図 3.1** は離散型分布の確率関数の一例である。これに対し，分布関数の形状は確率関数が異なっても性質 (3) のような共通点をもつ。**図 3.2** の分布関数は図 3.1 の確率関数から得られたものであり，上記で示した性質を満たしていることを確認できる。

(4) は右から x に近づくときは $F_X(x)$ に収束するが左からの場合は収束しない。すなわち，$\varDelta x > 0$ のとき

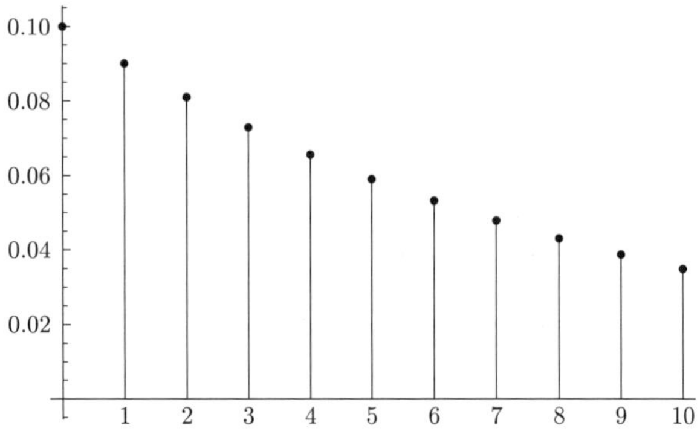

図 **3.1**　離散型分布の確率関数の例

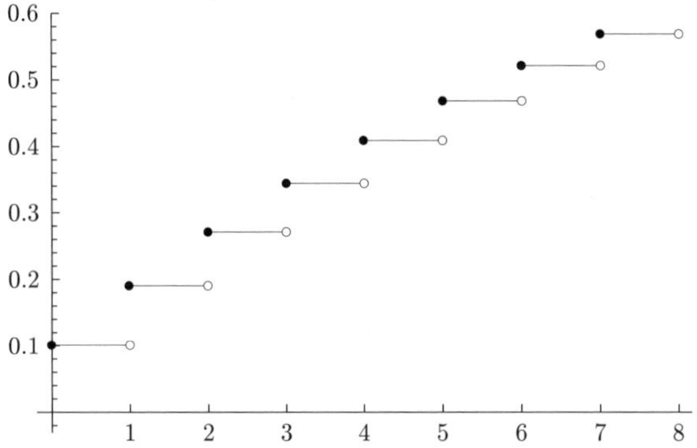

図 **3.2**　離散型分布の分布関数の例

$$\lim_{\Delta x \to 0} F_X(x - \Delta x) \neq F_X(x)$$

であることを意味している。確率関数の性質の (5) は本来性質などと呼ぶ必要はなく，定義を考えれば当たり前のことのように思えるかもしれないが，後述する実数を想定した場合との違いを明確にするために敢えて記している。

例題 3.1　関数 $p_X(x)$ が

$$p_X(x) = \binom{2+x}{x} \left(\frac{1}{2}\right)^{x+3} \qquad (x = 0, 1, 2, \cdots)$$

で与えられている。ただし，$\binom{m}{n}$ は二項係数[†1]を表す。このとき，以下の問題を考える。

(1) $p_X(x)$ は確率関数となっているか？

(2) $\Pr\{1 < X < 10\}$ は？

(3) $\Pr\{X \geqq 2\}$ は？

【解答】 この例題 3.1 の (1) はつぎのように考えればよい。p.33 で離散型確率関数の性質を三つ記したが，重要なのはこの中の (1) と (2) である。このとき，すべての非負の整数に対して 1 以下になるかはすぐにわからないが，0 以上なのは明らかであろう。ここで性質 (2) より和が 1 以下となればそれぞれの値は必ず 1 以下となる。また，確率関数であれば必ず性質 (3) を満たす。よって，この問題で考えるべきなのは

$$\sum_{x=0}^{\infty} \binom{2+x}{x} \left(\frac{1}{2}\right)^{x+3} = 1$$

であることがわかる[†2]。

つぎに (2) は確率関数から

$$\Pr\{1 < X < 10\} = \Pr\{2 \leqq X \leqq 9\} = \sum_{x=2}^{9} \binom{2+x}{x} \left(\frac{1}{2}\right)^{x+3} \simeq 0.668$$

となる。分布関数を用いても確率を求めることはできるが，一般的に使い勝手のよい式にならないことが多いため，このように確率関数をそのまま用いたほうがよい。

(3) も (2) と同様に確率関数の和を求めればよいわけだが，$x = 0, 1, 2, \cdots$ となっている上，無限等比級数のような公式を用いることもできない。この場合，$\{X \geqq 2\}$ も一つの事象になっているのだから余事象を考えることができる。よって

$$\Pr\{X \geqq 2\} = 1 - \Pr\{X < 2\} = 1 - \Pr\{X \leqq 1\} = 0.6875$$

となる。

◇

---

†1 高校までの数学では ${}_mC_n$ という記号を用いていたと思うが，上記の記号も同じ意味，すなわち ${}_mC_n = \binom{m}{n}$ である。本書では今後こちらの記号を用いる。

†2 このような確率関数をもつ確率分布を負の二項分布（定義 4.9 参照）という。和が 1 となる理由は 4 章で説明する

3.2.3 連続型確率分布

根元事象 ω の生起によって $X(\omega)$ の観測値が実数で得られるときは**連続型確率変数**（continuous random variable）という。例えば，以下のような値が観測される場合は連続型確率変数を用いる。

(1) 来店客の滞在時間

(2) 自動車の年間走行距離

(3) 1日当りの設備の消費電力

離散型と異なり上記の量はまず人間が数えることはできず，その現象を人間が見てもどれくらいの量かわからない。これらを知るためには測定のためのなんらかの機器が必要になる。人間の目だけでは確認できず，なにか道具を使って観測されるような現象に対しては**連続型確率分布**を想定することが多い，と考えると実際に近いイメージである。なお，離散型の場合と同様に**連続型分布**あるいは**連続型**と称することもある。

ここで連続型分布では確率関数は登場しない。離散型分布の分布関数は右からのみ連続であることをすでに述べた。これに対し，連続型では

$$\lim_{\Delta x \to 0} F_X(x + \Delta x) = \lim_{\Delta x \to 0} F_X(x - \Delta x) = F_X(x) \tag{3.7}$$

という性質をもつ。これは分布関数が連続であることを表している。連続であることに加えて微分可能であるとき

$$f_X(x) = \frac{d}{dx} F_X(x) \tag{3.8}$$

となる導関数 $f_X(x)$ を考えることができる。この関数 $f_X(x)$ を確率変数 X の**確率密度関数**（probability density function, **PDF**）と呼ぶ。離散型と異なり密度を省略して確率関数とすることはない。一般的に分布関数よりも確率密度関数が与えられ，そこから分布関数を求めることのほうが多い。このため

$$F_X(x) = \int_{-\infty}^{x} f_X(s)\, ds \tag{3.9}$$

という式から分布関数を求めることになる。後述するが，密度は確率ではないが，確率とは関係があるため，必ず非負の値をとる，すなわち，任意の実数 s

に対し $f_X(s) \geqq 0$ である。このため，式 (3.9) で表される分布関数は必ず単調非減少になる。また

$$\Pr\{X \leqq x\} = F_X(x)$$

を表すため

$$\lim_{x\to\infty} F_X(x) = \int_{-\infty}^{\infty} f_X(x)\,dx = 1 \tag{3.10}$$

という関係が必ず成り立つ。式 (3.10) は離散型でいうところの確率の和が 1 になることと同じ意味である。

以上の関係から

$$\Pr\{a < X \leqq b\} = \int_a^b f_X(x)\,dx = F_X(b) - F_X(a) \tag{3.11}$$

により確率を求めることができる。そして，この事実からつぎのようなこともわかる。$\Delta x > 0$ とすると，式 (3.11) より

$$\Pr\{X = x\} = \lim_{\Delta x\to 0} \Pr\{x < X \leqq x + \Delta x\} = \lim_{\Delta x\to 0} \int_x^{x+\Delta x} f_X(s)\,ds = 0$$

コーヒーブレイク

確率密度関数の意味

離散型の場合は確率関数，連続型では確率密度関数を用いて確率を計算する。確率関数は確率質量関数とも呼ぶため，確率はある種の“重さ”と見なすことができる。これに対し，連続型で登場する確率密度関数は名前のとおり密度を表すため，この値自体はまだ重さになっていない。すなわち確率ではないことになる。密度は単位体積当りの質量なので体積に相当する大きさを乗じて初めて確率になる。ではどうしたら確率になるかというとそれが dx であり，これを乗じた $f_X(x)dx$ が（あくまでも形式上だが）確率になる。このように解釈すると，なぜ確率密度関数と呼び密度を省略してはいけないのか，そしてなぜ密度関数に値を代入したり和をとったりすることで確率にならないのか，という意味がわかるはずである。

であるから，任意の実数 x に対して連続型確率変数が値 x をとる確率はゼロとなる。よくある誤りは $\Pr\{X=x\}=f_X(x)$ で計算することだが，これは離散型の考え方である。以上より

$$\Pr\{a<X\leqq b\}=\Pr\{a\leqq X\leqq b\}=\Pr\{a\leqq X<b\}=\Pr\{a<X<b\}$$

という関係も成り立つため，連続型分布では等号の有無が確率に影響しない。当然のことながらこのような性質は離散型にはない。

3.2.4　1 次元分布における条件付き確率

確率分布の下でも 1 章の定義に基づいて条件付き確率を考えることができる。いま，ある値（実数でも整数でもどちらでもよい）a, b に対し

$$\Pr\{X>a\,|\,X>b\}$$

という確率を考える。この意味は確率変数 X が b よりも大きいという条件の下で a よりも大きい確率である。確率変数の定義からわかるように $\{X>a\}$ や $\{X>b\}$ も一つの事象である。そこで，$A=\{X>a\}$，$B=\{X>b\}$ という事象を考えると，条件付き確率の定義から

$$\Pr\{X>a\,|\,X>b\}=\frac{\Pr\{X>a\cap X>b\}}{\Pr\{X>b\}}=\frac{\Pr\{X>\max[a,b]\}}{\Pr\{X>b\}}$$

と書ける。もし $a\leqq b$ ならば b よりも大きいことがわかっているため確率は 1 になる。よって

$$\Pr\{X>a\,|\,X>b\}=\begin{cases}\dfrac{\Pr\{X>a\}}{\Pr\{X>b\}} & (a>b)\\[2ex] 1 & (a\leqq b)\end{cases}$$

となる。特に $a>b$ の場合の条件付き確率を離散型と連続型で書き直すと

$$\Pr\{X > a \mid X > b\} = \begin{cases} \dfrac{\displaystyle\int_a^\infty f_X(x)\,dx}{\displaystyle\int_b^\infty f_X(x)\,dx} & (\text{連続型}) \\[2ex] \dfrac{\sum_{x>a} p_X(x)}{\sum_{x>b} p_X(x)} & (\text{離散型}) \end{cases}$$

となる。確率分布が与えられていれば上の式を用いて条件付き確率を計算できることがわかる。

このように，確率分布が与えられたときの条件付き確率は，確率変数を含めた不等号の式を事象に置き換えて条件付き確率の定義を使って計算すればよい。一般に公式のような形で与えられていないのは，例えば

$$\Pr\{a \leqq X < b \mid X > c\}, \qquad \Pr\{X \geqq a \mid b < X < c\},$$
$$\Pr\{X < b \mid X \geqq b\}, \qquad \cdots$$

のように a, b, c の値が具体的に設定されればバリエーションをいくらでも考えることができるからである。言い換えると，定義や式の意味を正しく理解していれば，知っておくべき式は条件付き確率の定義だけということになる。

3.3 期待値とその周辺

確率関数や確率密度関数を用いた計算で得られるのは確率である。これまでの確率分布に関する議論では確率に関する情報しか得られなかった。しかし，例えば，マグニチュード 7 の地震の発生確率よりも最も発生確率の高いマグニチュードの大きさはどの程度か，あるいは 100 mm 以上の雨の降る確率よりも 100 mm 以上の雨が降ることで被る被害の大きさはどの程度か，といった情報のほうが知りたいこともあるはずである。

このように確率的な変動を一つにまとめた上でなにか意味をもった代表的な値をつくることができると，いろいろと都合がよい。本節ではいくつかの有用な代表値について説明する。

3.3.1 期待値と分散

これまでと同様に離散型確率変数に対する確率関数を $p_X(x)$，連続型確率変数に対する確率密度関数を $f_X(x)$ とする。これらの関数が与えられただけでは，確率的な現象によって具体的にどのような値が観測されそうなのかまったくイメージがわかない。そこで，観測される値を確率で重みづけすることでこの現象に対するある種の代表値を一つ定めると，大小関係を比較することができる。観測値に重みを付けるなら，観測されやすいものほど大きな値を割り当てたほうが比較した結果の解釈もわかりやすくなるであろう。ここで観測のされやすさを表す物差しは離散型なら確率関数であり，連続型なら確率密度関数である。そこで，以下のような値を考えることにする。

定義 3.3 期　待　値

確率変数 X に対し

$$E[X] = \begin{cases} \displaystyle\sum_{x=-\infty}^{\infty} x p_X(x) & (\text{離散型}) \\ \displaystyle\int_{-\infty}^{\infty} x f_X(x)\,dx & (\text{連続型}) \end{cases} \tag{3.12}$$

で表される値 $E[X]$ を確率変数 X の**期待値**（expectation）と呼ぶ。

期待値は**平均**（mean）とも呼ばれる。期待値は，実際に観測されそうな値ではなく，確率的な現象が何回も発生したときに得られる値の算術平均と同じ意味をもつ。特に必ずしも観測されそうな値を表すわけではないという点を，以下の例で見ておく。

例 3.2（サイコロ投げと期待値）　1 から 6 の目をもつサイコロを 1 回投げる場合，サイコロの目を表す確率変数を X とすると，確率関数 $p_X(x)$ は

$$p_X(x) = \frac{1}{6} \qquad (x = 1, 2, \cdots, 6)$$

である。このとき，期待値 $E[X]$ は

$$E[X] = \sum_{x=1}^{6} \frac{x}{6} = 3.5$$

となることがわかる。サイコロを投げて 3.5 の目が出ることは絶対あり得ないし，3 と 4 の目が特に出やすいわけではないことも，経験的に知っているはずである。

この 3.5 という値は以下のような意味である。サイコロを投げてその目を観測するという行為を N 回繰り返し，i 回目の目の値（実現値）を x_i としたとき

$$\lim_{N\to\infty} \frac{1}{N} \sum_{i=1}^{N} x_i \simeq 3.5$$

が成り立つということである。要は，何回も試行を繰り返して得られる観測値の算術平均の極限値が期待値と見なせるということである。

$E[X]$ と書くと期待値が確率変数のように思えるかもしれないが，上の例のように期待値は値が一つに定まる。ただし，確率変数の絶対値 $|X|$ の期待値 $E[|X|]$，すなわち

$$E[|X|] = \begin{cases} \displaystyle\sum_{x=-\infty}^{\infty} |x| p_X(x) & \text{(離散型)} \\ \displaystyle\int_{-\infty}^{\infty} |x| f_X(x)\, dx & \text{(連続型)} \end{cases} \tag{3.13}$$

が発散する場合は，**期待値は存在しない**という。

期待値は物理的な意味では重心を表す。期待値という名称から最も観測されやすい値と考えるかもしれないが，すでに述べたようにそれは正しくない†。また，全体の中心といういい方をすることもあり，こちらも間違いとまではいわ

† 最も観測されやすいというと，離散型であれば確率関数，連続型なら確率密度関数を最大とするような値をイメージするだろう。このような値を**最頻値**（mode，モード）という。

ないが他の値と混同する可能性がある†。なぜ重心なのかは離散型で考えるとイメージしやすい。

いま，離散型確率変数のとり得る値を x_i $(i = 1, 2, \cdots)$ のように順番に番号を振る。番号が小さいほど値も小さい。よって，観測値全体を

$$K_1 = \{i \,|\, x_i < E[X]\}, \qquad K_2 = \{i \,|\, x_i \geqq E[X]\}$$

というように期待値よりも大きいものと小さいものの二つのグループに分けることができる。このとき $K_1 \cap K_2 = \emptyset$ であり，$K = K_1 \cup K_2$ とすると期待値は

$$E[X] = \sum_{i \in K} x_i p_X(x_i)$$

と書くことができる。このとき

$$\begin{aligned}
&E[X] - \sum_{i \in K} x_i p_X(x_i) \\
&= \sum_{i \in K} (E[X] - x_i)\, p_X(x_i) \\
&= \sum_{i_1 \in K_1} (E[X] - x_{i_1})\, p_X(x_{i_1}) + \sum_{i_2 \in K_2} (E[X] - x_{i_2})\, p_X(x_{i_2}) \\
&= \sum_{i_1 \in K_1} (E[X] - x_{i_1})\, p_X(x_{i_1}) - \sum_{i_2 \in K_2} (x_{i_2} - E[X])\, p_X(x_{i_2}) \\
&= 0
\end{aligned} \tag{3.14}$$

より

$$\sum_{i_1 \in K_1} (E[X] - x_{i_1})\, p_X(x_{i_1}) = \sum_{i_2 \in K_2} (x_{i_2} - E[X])\, p_X(x_{i_2}) \tag{3.15}$$

という関係が成り立つ。ここで $(E[X] - x_{i_1})$ や $(x_{i_2} - E[X])$ は期待値からの距離になっており，左辺と右辺は必ず非負である。確率質量関数をその名のとおり重さと見なすと，物理で学んだ力のモーメントの釣り合いより，式 (3.15)

† 累積分布関数の値がちょうど 1/2 になるような値を**中央値**（median，**メディアン**）と呼んでおり，単に中心という意味ではこちらのほうが正しい。

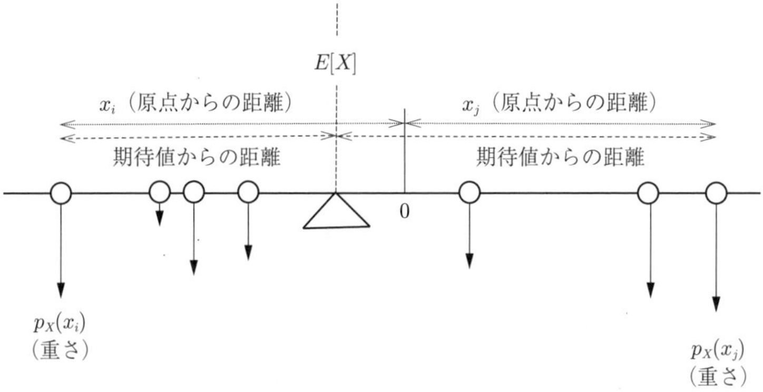

図 3.3　期待値のイメージ

は図 **3.3** のように複数の位置 x_i に重さ $p_X(x_i)$ の物体を置いた棒が静止する点が期待値を表している，と解釈できる。

特に確率変数が非負の値のみをとるとき，すなわち $\Pr\{X \geqq 0\} = 1$ ならば

$$E[X] = \begin{cases} \displaystyle\sum_{x=0}^{\infty} \{1 - F_X(x)\} & (\text{離散型}) \\ \displaystyle\int_0^{\infty} \{1 - F_X(x)\}\,dx & (\text{連続型}) \end{cases} \tag{3.16}$$

という関係が成り立つ。

この他に期待値はいくつかの性質をもつことが知られている。以下に命題としてまとめるが，これらはほぼ無条件で常識的に使用されることが多い。

命題 3.1　期待値の性質

期待値は以下の性質を満たす。

(1)　a, b が定数ならば

$$E[aX + b] = aE[X] + b$$

である。

(2)　a, b が定数ならば $\Pr\{X \geqq a\} = 1$ のとき $E[X] \geqq a$，$\Pr\{X \leqq b\} = 1$ のとき $E[X] \leqq b$ である。

(3) $i=1,\cdots,n$ のとき，a_i, b が定数，X_i が確率変数であるならば

$$E\left[\sum_{i=1}^{n} a_i X_i + b\right] = \sum_{i=1}^{n} a_i E[X_i] + b$$

が成り立つ。

(4) X_i $(i=1,\cdots,n)$ がすべて独立であるとき

$$E\left[\prod_{i=1}^{n} X_i\right] = \prod_{i=1}^{n} E[X_i]$$

である。

---

(1) の性質は期待値の線形性とも呼ばれる。

現実のさまざまな現象では単に観測値が得られるだけでなく，その観測値を使って新たな値が得られることもある。この意味を理解するため，先ほどのサイコロ投げの期待値を少し変形した問題を考えてみる。

例 3.3 (サイコロ投げの期待値の変形)　サイコロを投げたとき，出た目の値に応じて決まる金額を受け取れるというゲームを考える。例えば出た目の2乗の100倍の金額とすると，受け取れる金額の期待値は

$$\sum_{x=1}^{6} 100x^2 \times \frac{1}{6} = \frac{9\,100}{6} \simeq 1\,517 \quad 〔円〕$$

である。

これは確率変数 X に対し，出た目に応じて受け取れる金額が決まる関数を $h(x) = 100x^2$ としたとき，この関数に対する期待値を考えていると解釈できる。これは以下のように定義できる。

定義 3.4　関数の期待値

ある連続な実数値関数 h に対し

$$E[h(X)] = \begin{cases} \displaystyle\sum_{x=-\infty}^{\infty} h(x)p_X(x) & (\text{離散型}) \\ \displaystyle\int_{-\infty}^{\infty} h(x)f_X(x)\,dx & (\text{連続型}) \end{cases} \tag{3.17}$$

を確率変数 X の**関数** $h(X)$ **の期待値**という。

確率を使って具体的な問題を解決したい場合，必要となるのは関数の期待値の考え方である。1.2 節の例 1.3 で弁当の仕入れ量に関する例を取り上げた。例 1.3 では確率に関する本格的な議論の前であったため，確率が必要ということがわかった程度だと思う。ここではもう少し数式を使った説明を試みる。

例 3.4 (仕入れ量の決定 2)　あるコンビニエンスストアで販売している弁当は 1 日に x 個売れる確率が $f_X(x)$ であり，1 個 P 円の定価で販売している。一方，原価は仕入れた個数によって割引があり，y 個仕入れる場合の 1 個当りの原価は $Ce^{-\alpha(y-1)}$ 円である。ただし，$P>0$，$C>0$，$\alpha>0$ とする。このとき，この店が 1 日に得られる利益の期待値は

$$\sum_{x=0}^{y} \left\{ x\left(P - Ce^{-\alpha(y-1)}\right)\right\} f_X(x)$$

で表すことができる。これは

$$h(x) = \begin{cases} \left(P - Ce^{-\alpha(y-1)}\right)x & (x \leqq y) \\ 0 & (x > y) \end{cases}$$

としたときの関数の期待値（期待利益）となっている。現段階では売れ残りの廃棄処分や品切れに伴う損失を考慮していないが，これらを考慮して期待利益を求めれば利益を最大とする仕入れ量 y を決定できる。

上の例では商品が余った場合の廃棄費用や足りなくなった場合の機会損失をまったく考慮していないため，まだあまり現実的なものにはなっていない。ここで重要なのは，期待値を単なる公式ではなく意味のある値として理解することで

ある。言い換えると，期待値の意味をきちんと理解していれば定義 3.4 のような式を覚えなくても，問題設定から自分で式を立てることができるようになる。

このように期待値は代表値の一つとして役に立つが，そもそも確率的に変化する値に注目しているとなると，その変化の大きさがどの程度なのか，すなわち観測値がどれくらいばらつくのかを知りたいこともある。このような場面で役に立つのが分散である。

定義 3.5　分　　散

確率変数 X に対し

$$Var[X] = E\left[\{X - E[X]\}^2\right] \tag{3.18}$$

で定まる値 $Var[X]$ を確率変数 X の**分散**（variance）と呼ぶ。

また，分散の正の平方根である

$$SD[X] = \sqrt{Var[X]} \tag{3.19}$$

を**標準偏差**（standard deviation）という。定義から分散も標準偏差も必ず非負である。単に平方根をとっているだけなので分散も標準偏差も観測値のばらつきを表すための一つの尺度であり，どちらがよいとか悪いとかはいえない。しかし，分散が観測値の 2 乗の次元（単位）をもつのに対し，標準偏差は観測値と同じ次元となる。期待値の次元も観測値と同じなので，これらの大きさに基づいてなんらかの議論を行いたい場合は，分散より標準偏差を使用したほうがよい†。

分散を定義 3.5 で与えたが，これは

$$Var[X] = E\left[X^2\right] - (E[X])^2 \tag{3.20}$$

† 筆者は，実務の現場のある人が，分散よりも標準偏差を使用すべきである，と強く主張しているのを見たことがある。

のように変形することができる。通常は式 (3.18) ではなく式 (3.20) を用いて計算することが一般的である。

期待値と同様に，分散にも以下のような代表的な性質がある。

命題 3.2 確率変数 X の分散 $Var[X]$ は以下の性質を満たす。

(1) c が定数ならば $\Pr\{X=c\}=1$ のとき $Var[X]=0$ である。

(2) a, b が定数ならば

$$Var[aX+b]=a^2Var[X]$$

が成り立つ。

(3) $i=1,\cdots,n$ のとき，a_i が定数で確率変数 X_i がすべて独立ならば

$$Var\left[\sum_{i=1}^{n}a_iX_i\right]=\sum_{i=1}^{n}a_i^2Var[X_i]$$

が成り立つ。

分散や標準偏差を用いると，異なる確率分布に対するばらつきの違いを評価することができる。しかし，分散だけでばらつきの程度を比較すると，人間の感覚とある種のずれが生じてしまうことがある。例えば，平均が 100 で分散が 10 であるような分布と平均も分散も 5 であるような分布を考えた場合，分散は 5 のほうが明らかに小さいためばらついていないと解釈できる。しかし，平均の大きさの違いを考慮したとき，相対的なばらつきは後者のほうが大きいと感じられるであろう。このような場合は平均の違いを加味したばらつきの度合いを示す指標があると都合がよい。特に観測値が非負である場合は以下で定義される変動係数が用いられる。

定義 3.6 変動係数

非負の確率変数 X に対し

$$CV = \frac{\sqrt{Var[X]}}{E[X]} \tag{3.21}$$

で与えられる値 CV を**変動係数**（coefficient of variation）という。

式 (3.21) の分母と分子は同一次元なので，変動係数は無次元となる。よって，異なる単位をもつ観測値のばらつきを論じることもできる。標準偏差や分散を用いる場合，仮に平均の大きさを考慮する必要がないとしても，観測値が異なる次元をもつときはばらつきの度合いを比較することはできない。非負という条件は必要だが，変動係数は次元が異なっても比較する場面で利用できる。

3.3.2 条件付き期待値

3.3.1 項で説明した期待値を考える場合，事前になんらかの情報が与えられていることも少なくない。例えば，なんらかの設備を利用しているとき，これが故障するまでの時間の平均値を知りたければ単純に期待値を求めればよいが，この場合は導入直後の新品の設備を想定している。これに対し，すでに運用している場合は後どれくらいの時間で故障するかという情報を得たいはずである。このような場合は，条件付き期待値を用いたほうがよい。

初めに，確率関数 $p_X(x)$ が与えられている離散型分布の場合を考えてみる。事象 A が生起しているという条件の下で事象 B が生起する条件付き確率は $\Pr\{B|A\}$ と書くことはすでに述べた。この事象 B を確率変数に置き換えて期待値を考える場合は，$E[X|A]$ と書けることは容易に想像できるであろう。これは

$$\begin{aligned} E[X|A] &= \sum_{x=-\infty}^{\infty} x \cdot \Pr\{(X=x)|A\} \\ &= \frac{1}{\Pr\{A\}} \sum_{x=-\infty}^{\infty} x \Pr\{(X=x) \cap A\} \end{aligned} \tag{3.22}$$

と表すことができる。a, b を任意の値とし，事象 A を $A = \{a \leqq X \leqq b\}$ とすると，上の計算のためには $(X=x) \cap (a \leqq X \leqq b)$ という事象を考える必

要がある。この積事象は a 以上 b 以下であるような値の集まりということになるので，もし和をとるのであれば

$$\sum_{x=-\infty}^{\infty} x \Pr\{(X = x) \cap (a \leqq X \leqq b)\} = \sum_{x=a}^{b} x \Pr\{X = x\}$$

と表すことができる。

以上を踏まえると，条件付き期待値は

$$E[X|a \leqq X \leqq b] = \frac{1}{\sum_{x=a}^{b} p_X(x)} \sum_{x=a}^{b} x p_X(x) \tag{3.23}$$

によって計算できる。

これを確率密度関数 $f_X(x)$ が与えられている連続型分布に拡張する。期待値が値の現れやすさと，そのときの値の重みづけに基づいて得られていることを考えると，確率関数を密度関数で置き換えればよいことになる。すなわち

$$E[X|a \leqq X \leqq b] = \frac{1}{\displaystyle\int_a^b f_X(x)\,dx} \int_a^b x f_X(x) dx \tag{3.24}$$

が連続型分布における条件付き期待値となる。a と b は任意なので条件部分はどのように与えてもよい。

ここで最初に挙げた設備の故障を想定した場合，$E[X|X \geqq a]$ は，設備が a 時間正常に稼動しているという条件の下で新品の設備が故障するまでの時間の期待値を表す。しかし，設備を運用している場合は，故障が発生するまでの残りの時間，すなわち $E[X-a|X \geqq a]$ という量に興味があるはずである。これは信頼性工学や生存時間分析の分野では**平均残存寿命**（mean residual life）などと呼ばれており，その名のとおり a 年生きている人が平均後何年生きることができるかを表しているため，このような名称で呼ばれている。先ほどの条件付き期待値の考え方に基づけば計算できることは明らかだが，平均残存寿命については

$$E[X-a|X \geqq a]$$

$$= \begin{cases} \dfrac{1}{\sum_{x=a}^{\infty} p_X(x)} \displaystyle\sum_{x=a}^{\infty} (x-a) p_X(x) = \dfrac{\sum_{x=a}^{\infty} \bar{F}(x)}{\bar{F}(a)} & \text{(離散型)} \\ \dfrac{1}{\bar{F}(a)} \displaystyle\int_a^{\infty} (x-a) f_X(x) dx = \dfrac{\displaystyle\int_a^{\infty} \bar{F}(x) dx}{\bar{F}(a)} & \text{(連続型)} \end{cases} \tag{3.25}$$

とまとめることができる。

例 3.5　ある設備が故障するまでの時間（寿命時間という）T〔時間〕は連続型確率変数であり，確率密度関数は

$$f_T(t) = \frac{1}{1\,000} \exp\left[-\frac{1}{1\,000}t\right] \qquad (t > 0)$$

で表される。このとき，新品の設備が故障するまでの期待時間 $E[T]$ は

$$E[T] = \int_0^{\infty} \frac{t}{1\,000} \exp\left[-\frac{1}{1\,000}t\right] dt = 1\,000 \quad \text{〔時間〕}$$

となる。一方，すでに 500 時間使用された中古の設備が故障するまでの期待時間 $E[T - 500 \,|\, T \geqq 500]$ は

$$\Pr\{T \geqq a\} = \bar{F}_T(a) = \int_a^{\infty} \frac{1}{1\,000} \exp\left[-\frac{1}{1\,000}t\right] dt = \exp\left[-\frac{a}{1\,000}\right]$$

より

$$\begin{aligned} E[T - 500 \,|\, T \geqq 500] &= \frac{1}{e^{-1/2}} \int_{500}^{\infty} \frac{(t-500)}{1\,000} \exp\left[-\frac{1}{1\,000}t\right] dt \\ &= \frac{1}{e^{-1/2}} \int_{500}^{\infty} \exp\left[-\frac{1}{1\,000}t\right] dt \\ &= 1\,000 \quad \text{〔時間〕} \end{aligned}$$

となり，新品でも中古でも故障するまでの期待時間は変わらない。これは条件部分の 500 を変えても同じである。後述するが，このような特徴をもつ確率分布は連続型の場合はただ一つしか存在しない。通常は

$$E[T] \neq E[T - a\,|T \geqq a]$$

となり，大小関係は確率分布の形状や条件部分の a の値に依存する。

3.3.3 積率母関数

定義 3.4 で関数 h に対する期待値を定義した。ここで関数 h の形を限定すると，確率分布の特徴を見通しやすくなることがある。そこで，まず関数 h が $h(x) = x^n$ と $(x-a)^n$ のように x の多項式で表される場合に着目する。

定義 3.7 積　率

$k > 0$ を整数としたとき

$$E[X^k] = \begin{cases} \displaystyle\sum_{x=-\infty}^{\infty} x^k p_X(x) & \text{(離散型)} \\ \displaystyle\int_{-\infty}^{\infty} x^k f_X(x)\,dx & \text{(連続型)} \end{cases} \qquad (3.26)$$

で表される $E[X^k]$ を確率変数 X の $\boldsymbol{k}$ **次積率**（kth moment）と呼ぶ。また，定数 a に対し

$$E[(X-a)^k] = \begin{cases} \displaystyle\sum_{x=-\infty}^{\infty} (x-a)^k p_X(x) & \text{(離散型)} \\ \displaystyle\int_{-\infty}^{\infty} (x-a)^k f_X(x)\,dx & \text{(連続型)} \end{cases} \qquad (3.27)$$

で表される $E[(X-a)^k]$ を $\boldsymbol{a}$ **の周りの** $\boldsymbol{k}$ **次積率**（kth moment about a）と呼ぶ。

積率は片仮名で**モーメント**と書くことも多い。

定義 3.7 から期待値は 1 次積率，分散は期待値の周りの 2 次積率となっていることがわかる。これらは確率分布（ここでは分布関数ではなく確率関数または確率密度関数を指す）の形状に関する情報を与えてくれる。

例 3.6　二つの連続型確率変数 X, Y の確率密度関数がそれぞれ $f_X(x)$ と $f_Y(y)$ で与えられており，これらの確率分布の形状が同じであるとき，積率から以下のことがわかる†。

- 分布の位置：期待値
  $E[X] \leqq E[Y]$ ならば f_Y は f_X よりも右側に位置している。
- 分布の広がり具合：分散
  $Var[X] \leqq Var[Y]$ ならば f_X よりも f_Y のほうが広がっている。
- 分布の対称性：歪度《わいど》（期待値の周りの 3 次積率と標準偏差）
  歪度が正なら右の裾《すそ》が長く，負なら左の裾が長く歪《ひず》んだ形状になっている。左右対称の場合，歪度はゼロになる。
- 分布の尖《とが》り具合：尖度《せんど》（期待値の周りの 4 次積率と標準偏差）
  尖度が大きいほど鋭く尖った形状になっている。

期待値の場合と同様に $E\left[|X|^k\right] < \infty$ のとき，k 次積率は存在するという。k 次積率は確率分布や k の値によっては存在しないこともある。しかし，k 次積率が存在するとき，それよりも小さい次数の積率は必ず存在する。この性質は以下のようにまとめることができる。

定理 3.1　$j < k$ のとき，$E\left[|X|^k\right] < \infty$ ならば必ず $E\left[|X|^j\right] < \infty$ である。

証明　連続型分布で考える。$E\left[|X|^k\right] < \infty$ と仮定すると，$j < k$ なる任意の整数 j, k に対し

† あくまでも例として説明しているため少々厳密性に欠ける。確率分布によってはここまではっきりとは判断できないこともある。

$$
\begin{aligned}
E\left[|X|^j\right] &= \int_{-\infty}^{\infty} |x|^j f_X(x)\,dx = \int_{|x|\leqq 1} |x|^j f_X(x)\,dx + \int_{|x|>1} |x|^j f_X(x)\,dx \\
&\leqq \int_{|x|\leqq 1} 1\cdot f_X(x)\,dx + \int_{|x|>1} |x|^k f_X(x)\,dx \\
&\leqq \int_{|x|\leqq 1} 1\cdot f_X(x)\,dx + \int_{-\infty}^{\infty} |x|^k f_X(x)\,dx \\
&\leqq \Pr\{|X|\leqq 1\} + E\left[|X|^k\right] < \infty
\end{aligned}
\tag{3.28}
$$

という関係が成り立つ。よって，$E\left[|X|^k\right] < \infty$ ならば必ず $E\left[|X|^j\right] < \infty$ を満たすことがわかる。なお，離散型分布の場合は $\int$ を $\sum$ で置き換えれば同様に証明できる。 □

つぎに t を実数として $h(x) = e^{tx}$ という関数を考えると，以下のような積率母関数を定義することができる。

定義 3.8　積率母関数

実数 t に対し

$$
m_X(t) \equiv E\left[e^{tX}\right] = \begin{cases} \displaystyle\sum_{x=-\infty}^{\infty} e^{tx} p_X(x) & (\text{離散型}) \\ \displaystyle\int_{-\infty}^{\infty} e^{tx} f_X(x)\,dx & (\text{連続型}) \end{cases}
\tag{3.29}
$$

で与えられる関数 $m_X(t)$ を確率変数 X の**積率母関数**（moment generating function）という。

積率母関数は片仮名で**モーメント母関数**と書くこともある。k 次積率と同様に $E\left[e^{tX}\right] < \infty$ ならば積率母関数は存在するという。どんな確率変数であっても $t = 0$ ならば

$$
m_X(0) = E[1] = 1
$$

より積率母関数は必ず存在する。しかし，例えば $a > 0, b > 0$ に対し $t \in (-a, b)$ なる範囲でしか $m_X(t) < \infty$ とならないこともある。このような場合は $(-a, b)$ が積率母関数の定義域となる。

仮に $t=0$ の近傍で積率母関数が存在する場合，積率母関数から系統的に積率を計算することができる。この性質をまとめると以下のようになる。

定理 3.2　積率との関係

確率変数 X の積率母関数 $m_X(t)$ が $t=0$ の近傍で存在するとき，任意の整数 k に対し

$$\left.\frac{d^k}{dt^k}m_X(t)\right|_{t=0} = E\left[X^k\right] \tag{3.30}$$

が成り立つ。

定理 3.2 は単に k 回微分した上で $t=0$ を代入することで容易に証明できる。

例えば，この定理を用いると

$$\left.\frac{d}{dt}m_X(t)\right|_{t=0} = E[X]$$

より期待値を，そして

$$\left.\frac{d^2}{dt^2}m_X(t)\right|_{t=0} = E[X^2]$$

より

$$Var[X] = E[X^2] - (E[X])^2$$

という関係を用いることで分散を求めることができる。

また，定理 3.2 よりもし積率母関数が存在すれば確率関数や確率密度関数，あるいは分布関数を用いた場合と同様に積率を得ることができる。そして，例でも述べたが積率は確率分布の形状に関する情報を与えてくれる。もう少し別のいい方をすると，積率母関数は確率分布に関するすべての情報を含んでいることになる。このため，分布関数などと同様に，積率母関数は一つの確率分布を定める一つの表現と見なすことができる。よって，「確率分布を示せ」と問われた場合，分布関数，確率密度関数または確率関数，そして積率母関数のいずれかを明らかにすればよいことになる。

この結果，確率分布に関する情報を得たい場合，分布関数ではなく積率母関数を用いることも可能である。もちろん定義からわかるように，積率母関数から確率を直接求めることはできないが，以下の二つの定理を組み合わせると効果的であることがある。

定理 3.3　積率母関数の一意性

確率変数 X, Y に対する積率母関数をそれぞれ $m_X(t), m_Y(t)$ としたとき，すべての t に対し $m_X(t) = m_Y(t)$ ならば X と Y は同じ確率分布に従う。

定理 3.4　互いに独立な n 個の確率変数 X_i $(i = 1, \cdots, n)$ に対する積率母関数を $m_i(t)$ としたとき，$S = \sum_{i=1}^{n} X_i$ の積率母関数 $m_S(t)$ は

$$m_S(t) = \prod_{i=1}^{n} m_i(t)$$

で与えられる。

これらを実際にどのように用いるかは 4 章で述べる。

しかし，残念ながらどのような確率分布や定義域を考えても $E\left[e^{tX}\right] < \infty$ という関係を満たさないことがある。これは積率母関数が存在しないことを意味するため，上記二つの定理も役に立たず，ときとして使い勝手が悪くなってしまう。このため，以下のような変換

$$\phi(\theta) = E\left[e^{i\theta X}\right] \tag{3.31}$$

を用いることもある。ここで，$i = \sqrt{-1}$ である。この関数 $\phi(\theta)$ を**特性関数**(characteristic function) と呼ぶ。特性関数は

$$|\phi(\theta)| \leq E\left[|e^{i\theta X}|\right] = E[1] = 1$$

が成り立つため，どんな確率分布でも必ず存在する。

3.3.4　積率を用いた確率の評価

3.3.3 項で述べたように積率母関数を用いて直接確率を求めることはできないし，積率から確率を知ることはできない。しかし，積率を用いることで確率がどの程度の値になるか評価することができる。ここではそのような場合に役に立つ二つの不等式を紹介する。

まず 1 次積率だけ用いる場合，以下の不等式が知られている。

定理 3.5　確率変数 X が非負であるとき，任意の $a > 0$ に対し

$$\Pr\{X \geqq a\} \leqq \frac{E[X]}{a} \tag{3.32}$$

が成り立つ。

証明　連続型で考える。確率密度関数を $f_X(x)$ とすると X は非負なので

$$\begin{aligned} E[X] &= \int_0^\infty x f_X(x)dx = \int_a^\infty x f_X(x)\,dx + \int_0^a x f_X(x)dx \\ &\geqq \int_a^\infty x f_X(x)dx \geqq \int_a^\infty a f_X(x)dx \\ &= a\Pr\{X \geqq a\} \end{aligned} \tag{3.33}$$

となる。よって，両辺を a で割ることで式 (3.32) が得られる。なお，離散型も同様の考え方で証明できる。　□

式 (3.32) で与えられる不等式を**マルコフの不等式**（Markov's inequality）という。これを用いるとある値 a 以上になる確率が最大でどれくらいになるかわかる。しかし，$a < E[X]$ とすると式 (3.32) の右辺は 1 を越えてしまう。確率ならば 1 以下となることは当然なので，この場合は評価を行う上でまったく役に立たない。このため，かなり粗い評価しか行うことができない。

マルコフの不等式が成り立つには確率変数が非負である必要があった。これに対し，非負に限定されない場合，1 次と 2 次の積率を用いることで以下の不等式が得られる。

定理 3.6　確率変数 X の分散が存在するとき，任意の a に対し

$$\Pr\{|X-\mu| \geqq a\} \leqq \frac{\sigma^2}{a^2} \tag{3.34}$$

が成り立つ。ただし，$\mu = E[X]$，$\sigma^2 = Var[X]$ である。

証明　マルコフの不等式で X を $(X-\mu)^2$，a を a^2 で置き換えると

$$\Pr\left\{(X-\mu)^2 \geqq a^2\right\} \leqq \frac{E[(X-\mu)^2]}{a^2} = \frac{\sigma^2}{a^2} \tag{3.35}$$

が得られる。$(X-\mu)^2 \geqq a^2$ と $|X-\mu| \geqq a$ は同値なので式 (3.34) が成り立つ。　□

式 (3.34) で与えられる不等式を**チェビシェフの不等式**（Chebyshev's inequality）という。この不等式を用いると，観測値と平均とのずれがある値 a 以上となる確率がどれくらいになるかがわかる。しかし，$a < \sigma$ とすると式 (3.32) の右辺は 1 を越えてしまうため，マルコフの不等式と同様役に立たない。

3.4　確率変数の関数の分布

これまでは確率変数に対して設定された確率分布から確率や期待値を求めるという状況を考えてきた。しかし，さまざまな応用を想定した場合，確率変数 X の関数 $G(X)$ の分布（確率分布）が必要となる場面も少なくない。以下に具体的な例を示す。

例 3.7　(コンビニエンスストア)　レジが 1 台あるコンビニエンスストアで n 人の客が会計のために並んでいる。i 番目の客が会計をすますために要する時間 X_i が確率変数であり，X_i $(i = 1, \cdots, n)$ が互いに独立であるとき，n 人の客すべての会計が終了するまでの時間 S は

$$S = \sum_{i=1}^{n} X_i$$

と書くことができる。X_i がすべて同一の確率密度関数 $f_S(s)$ をもつことがわかっているとき，ある時間以内に会計が終了する確率はどのように得られるだろうか。

上の例は X_i の確率分布しか与えられていないわけなので，$f_S(s)$ を利用してなんらかの形で S の確率分布を求めなければならないことは，容易に予想できるであろう。

例 3.8 (タイヤのパンク)　自転車が使用不可能となるケースとして最もありがちなのはタイヤのパンクである。いま，前輪と後輪がパンクするまでの時間をそれぞれ X, Y とする。パンクするまでの時間を確率変数と見なしてパンクが原因で自転車が使用できなくなるまでの時間 Z を考えると，どちらか一方のタイヤがパンクしたらもう自転車は使用できないので

$$Z = \min[X, Y]$$

と表すことができる。このとき，自転車が使用できなくなるまでの期待時間はどのように得られるだろうか。

上の例は期待値を求める問題になるが，コンビニエンスストアの例と同様に Z の確率分布が得られれば容易に解決できる。今度は $X < Y$ ならば $Z = X$，$X \geqq Y$ ならば $Z = Y$ となるため，仮に X と Y の確率分布がわかっても，先ほどの例とは違う考え方が必要になりそうだ，ということは容易に予想できるであろう。

以上の例のように，確率分布が与えられたからといってすぐに確率や期待値を求めることができないことは，現実問題では頻繁に遭遇する。そこで，上の二つの例のような問題を解決するための考え方をこれから説明していく。

3.4.1　確率変数の四則演算

初めに離散型確率変数の和の分布を考える。X と Y はいずれも互いに独立

な離散型確率変数で，確率関数がそれぞれ $p_X(x), p_Y(y)$ で与えられているものとする。$S = X + Y$ とすると求めたいのは S の確率関数

$$p_S(s) = \Pr\{S = s\} \tag{3.36}$$

である。このとき，独立性の仮定と全確率の公式（定理 2.3）を用いると

$$\begin{aligned}
\Pr\{S = s\} &= \Pr\{X + Y = s\} = \Pr\{X = s - Y\} \\
&= \sum_{y=-\infty}^{\infty} \Pr\{X = s - Y \,|\, Y = y\} \Pr\{Y = y\} \quad (\text{全確率の公式}) \\
&= \sum_{y=-\infty}^{\infty} \Pr\{X = s - y \,|\, Y = y\} \Pr\{Y = y\} \\
&= \sum_{y=-\infty}^{\infty} \Pr\{X = s - y\} \Pr\{Y = y\} \qquad (\text{独立性}) \\
&= \sum_{y=-\infty}^{\infty} p_X(s - y) p_Y(y) \qquad (3.37)
\end{aligned}$$

と変形できるため，X と Y の確率関数から S の確率関数が得られることがわかる。和をとる範囲は与えられている確率分布によって決まる。式 (3.37) は Y に関する条件を考えたが，これを X としても結果は同じになる。よって

$$p_S(s) = \sum_{y=-\infty}^{\infty} p_X(s - y) p_Y(y) = \sum_{x=-\infty}^{\infty} p_X(x) p_Y(s - x)$$

と書くことができる。

例 3.9 (離散型確率変数の和)　あるコンビニエンスストアには成年（18 歳以上）と未成年（18 歳未満）の客が訪れる。1 日当りの成年の客数 X と未成年の客数 Y はそれぞれ独立な離散型の確率変数で表すことができ，それぞれの確率関数 $p_X(x)$ と $p_Y(y)$ は

$$p_X(x) = \frac{100^x e^{-100}}{x!} \qquad (x = 0, 1, 2, \cdots)$$

$$p_Y(y) = \frac{200^y e^{-200}}{y!} \qquad (y = 0, 1, 2, \cdots)$$

である。このとき，1 日の来店客数 S の確率関数 $p_S(s)$ は $S = X + Y$ より

$$
\begin{aligned}
p_S(s) &= \sum_{y=-\infty}^{\infty} p_X(s-y)p_Y(y) \qquad (\text{式 (3.37) より}) \\
&= \sum_{y=0}^{s} \frac{100^{s-y}e^{-100}}{(s-y)!} \cdot \frac{200^y e^{-200}}{y!} \\
&= e^{-300}\frac{1}{s!}\sum_{y=0}^{s} \frac{s!}{(s-y)!y!}100^{s-y}200^y \\
&= \frac{300^s e^{-300}}{s!} \qquad (s = 0, 1, 2, \cdots)
\end{aligned}
$$

となる。2 行目で和をとる範囲が変わっているのは y の値が必ず非負であることと $s - y \geqq 0$ のときのみ $p_X(x) \geqq 0$ となるためである。また，最後の変形は二項定理を利用している。

上の例では比較的きれいな形で確率関数を得ることができたが，このようにうまく計算できることはあまり多くない。

連続型確率変数の和の分布は確率関数を確率密度関数で置き換えてやればよい。よって，連続型確率変数 X と Y の確率密度関数がそれぞれ $f_X(x)$ と $f_Y(y)$ で与えられているとき，$S = X + Y$ となる確率変数 S の確率密度関数 $f_S(s)$ は

$$
f_S(s) = \int_{-\infty}^{\infty} f_X(s-y)f_Y(y)\,dy = \int_{-\infty}^{\infty} f_X(x)f_Y(s-x)\,dx \quad (3.38)
$$

より求めることができる。

積分範囲はそれぞれの確率密度関数の定義域によって決まる点は離散型と同じである。通常 ∞ を含む場合は半ば機械的に計算できるが，ときとして計算に注意を要するケースがある。以下に例を使って説明する。

例 3.10 (連続型分布の和)　ある生徒が 100 点満点の英語と 150 点満点の数学のテストを受けたが，結果はまだわかっていない。それぞれの点数

を X, Y としたとき，これまでの成績から確率密度関数 $f_X(x)$, $f_Y(y)$ を

$$f_X(x) = \frac{1}{100} \quad (0 < x < 100), \qquad f_Y(y) = \frac{1}{150} \quad (0 < y < 150)$$

で与えることができるという。このとき，X と Y が独立であるとして合計点 $S = X + Y$ の確率密度関数を求めるには式 (3.38) より

$$f_S(s) = \int_{-\infty}^{\infty} f_X(s-y) f_Y(y)\, dy = \int_{-\infty}^{\infty} \frac{1}{100} \cdot \frac{1}{150}\, dy$$

で計算するが，積分範囲を適切に設定しなければならない。密度関数がゼロでない，すなわち $f_X(s-y)f_Y(y) \neq 0$ となる y の範囲を考える必要があるため $0 < s < 250$ の下，$0 < s - y < 100 \to s - 100 < y < s$, $0 < y < 150$ の共通範囲で y について積分する†。すると $0 < s < 100$ のとき

$$f_S(s) = \int_0^s \frac{1}{100} \cdot \frac{1}{150}\, dy = \frac{s}{15\,000}$$

$100 < s < 150$ のとき

$$f_S(s) = \int_{s-100}^s \frac{1}{100} \cdot \frac{1}{150}\, dy = \frac{1}{150}$$

そして，$150 < s < 250$ のとき

$$f_S(s) = \int_{s-100}^{150} \frac{1}{100} \cdot \frac{1}{150}\, dy = \frac{250 - s}{15\,000}$$

となる。また，上の結果から $f_X(x)$ と $f_Y(y)$ は不連続な関数だが $f_S(s)$ は連続になることもわかる。

これまで連続と離散の場合の独立な確率変数の和を説明したが，同様に

$$S = X + Y, \qquad T = X - Y, \qquad U = XY, \qquad V = X/Y$$

とすると差，商，積の分布も得ることができる。以下に連続型の場合のみすべての結果をまとめておく。

† 図を描いてこの不等式を満たす領域を確認するとわかりやすい。

$$f_S(s) = \int_{-\infty}^{\infty} f_X(y) f_Y(s-y)\, dy \tag{3.39}$$

$$f_T(t) = \int_{-\infty}^{\infty} f_X(t+y) f_Y(y)\, dy \tag{3.40}$$

$$f_U(u) = \int_{-\infty}^{\infty} f_X(y) f_Y\left(\frac{u}{y}\right) \frac{1}{|y|}\, dy \tag{3.41}$$

$$f_V(v) = \int_{-\infty}^{\infty} f_X(vy) f_Y(y) |y|\, dy \tag{3.42}$$

和の分布と同様に，積分範囲は元の確率密度関数（または確率関数）が非負となる領域によって決まる。なお，もう少し厳密な導出方法は 5 章でふれる。

3.4.2　確率変数の最大値と最小値

独立な二つの確率変数を X, Y とし，それぞれの累積分布関数を $F_X(x)$, $F_Y(y)$ とする。この時点では，これらが離散型と連続型のどちらであるかは考えなくてよい。このとき

$$Z_A = \max[X, Y], \qquad Z_I = \min[X, Y]$$

としたときの Z_A と Z_I の分布を考える。

まず Z_A は X と Y の大きいほうの値を意味するため，ある適当な定数を z としたとき，Z_A が z 以下ならば X と Y の両方とも必ず z 以下となる。すなわち，$\{Z_A \leqq z\}$ という事象は $\{(X \leqq z) \cap (Y \leqq z)\}$ と同値となる。よって，Z_A の累積分布関数を $F_A(z)$ とすると，X と Y は独立なので

$$\begin{aligned} F_A(z) &\equiv \Pr\{Z_A \leqq z\} = \Pr\{(X \leqq z) \cap (Y \leqq z)\} \\ &= \Pr\{X \leqq z\} \Pr\{Y \leqq z\} \\ &= F_X(z) F_Y(z) \end{aligned} \tag{3.43}$$

となる。仮に連続型の確率変数ならば，式 (3.43) を z で微分すれば確率密度関数が得られる。特に X と Y が同一の分布関数 F と確率密度関数 f をもつときは

$$F_A(z) = \{F(z)\}^2$$

より

$$f_A(z) \equiv \frac{d}{dz}F_A(z) = 2f(z)F(z) \tag{3.44}$$

となる。

つぎに Z_I の分布を考える。Z_I は二つの確率変数の小さいほうを表すため，ある適当な定数を z としたとき，$Z_I > z$ という事象は $X > z$ かつ $Y > z$ であることを表す。よって，Z_I の分布関数 $F_I(z)$ は

$$\begin{aligned} F_I(z) &\equiv 1 - \Pr\{Z_I > z\} = 1 - \Pr\{X > z, Y > z\} \\ &= 1 - \Pr\{X > z\}\Pr\{Y > z\} = 1 - \{1 - F_X(z)\}\{1 - F_Y(z)\} \\ &= F_X(z) + F_Y(z) - F_X(z)F_Y(z) \end{aligned} \tag{3.45}$$

と表すことができる。X と Y が連続で同一の分布関数 F と確率密度関数 f をもつとき，Z_I の確率密度関数 $f_I(z)$ は

$$f_I(z) \equiv \frac{d}{dz}F_I(z) = 2f(z)\{1 - F(z)\} \tag{3.46}$$

となる。

以上の議論を n 個の独立で同一分布に従う確率変数に拡張するため

$$Z_A = \max_{1 \leqq i \leqq n}[X_i], \qquad Z_I = \min_{1 \leqq i \leqq n}[X_i]$$

とおく。X_i $(i = 1, \cdots, n)$ の分布関数と確率密度関数がそれぞれ F_X, f_X で与えられているとき，Z_A と Z_I の分布関数と確率密度関数は

$$F_A(z) = \{F_X(z)\}^n \tag{3.47}$$

$$f_A(z) = n\{F_X(z)\}^{n-1} f_X(z) \tag{3.48}$$

$$F_I(z) = 1 - \{1 - F_X(z)\}^n \tag{3.49}$$

$$f_I(z) = n\{1 - F_X(z)\}^{n-1} f_X(z) \tag{3.50}$$

となる。

3.4.3 確率変数の変数変換

理科の実験などで対数グラフ（あるいは片対数グラフ）を使用したことはないだろうか。軸の一方（あるいは）両方が対数目盛になっているグラフで，実験などで得た観測値が極端に広い範囲をとるような場合に用いられる。例えば，指数関数の値を対数グラフ上にプロットするとグラフが直線になる。このように，なんらかの理由で観測値そのものではなく，これを変換した値から情報を得たいということがある。

これと似たようなことが確率変数でも必要になる。例えば，確率的な現象はときとして複雑なため，数式を使った計算だけでは手に負えないことがある。そのような場合はシミュレーションと呼ばれるコンピュータを使った実験を行う。このシミュレーションを行うときには乱数を使用するが，この乱数は端的にいうと確率変数の実現値である。意図する分布からこの乱数をつくる際には，確率変数の変換の考え方が用いられることがある[†]。本書ではシミュレーションにはふれないが，そこで使われているテクニックという意味で**変数変換**を取り上げる。なお，シミュレーション自体がなんなのかよくわからなくても，本書を読み進める上で特に支障はない。

ここでは確率変数 X の確率分布が与えられているとき，$Y = h(X)$ という変換を通して得られる確率変数 Y の分布を求めることを考える。ただし，h は連続な関数とする。3.1 節でも述べたが，確率変数は四則演算を施しても確率変数である。これは四則演算に限った話ではなく，指数関数や対数関数，あるいはそれ以外でもすべて同じで，関数 h を通して変換されても確率変数は確率変数のままである。ただし，$Y = h(X)$ と X は多くの場合異なる分布になる。ちなみに 3.4.1 項や 3.4.2 項で扱った確率変数の和や最大値なども確率変数の関数と解釈できるが，これらは複数の確率変数から一つの確率変数をつくっている。これに対し，ここで取り上げるのは，あくまでも一つの確率変数を変換して一つの確率変数をつくることを想定している。

離散型でも連続型でも変数変換が必要になる場面はあるが，基本的な考え方

† 逆関数法などと呼ばれている。

は同じなので，連続型のみを説明する。これまで同様今後は確率変数 X の確率密度関数と分布関数を f_X, F_X とする。そして，$Y = h(X)$ により変換された確率変数 Y の確率密度関数と分布関数をそれぞれ g_Y, G_Y とおく。このとき

$$G_Y(y) = \Pr\{Y \leqq y\} = \Pr\{h(X) \leqq y\} = \int_{\{x:h(x)\leqq y\}} f_X(x)dx \quad (3.51)$$

という関係を得ることができる。$\{x : h(x) \leqq y\}$ は y を既知としたときに $h(x) \leqq y$ という不等式を満たす x の範囲という意味なので，実際には $a \leqq x \leqq b$ や $x < a$ または $x > b$ のような範囲で積分を行うことになる。

特に $f_X(x)$ の定義域内で h が単調増加ならば

$$\Pr\{h(X) \leqq y\} = \Pr\{X \leqq h^{-1}(y)\}$$

なので

$$G_Y(y) = \int_{-\infty}^{h^{-1}(y)} f_X(x)dx = F_X\left(h^{-1}(y)\right) \quad (3.52)$$

となり，逆に単調減少なら

$$\Pr\{h(X) \leqq y\} = \Pr\{X \geqq h^{-1}(y)\}$$

より

$$G_Y(y) = \int_{h^{-1}(y)}^{\infty} f_X(x)dx = 1 - F_X\left(h^{-1}(y)\right) \quad (3.53)$$

によって分布関数を求める。なお，h^{-1} は h の逆関数である。h^{-1} が微分可能なら分布関数を微分することで確率密度関数を得ることができる。上の二つの結果をまとめると，h が単調な関数の場合は

$$g_Y(y) = f_X\left(h^{-1}(y)\right)\left|\frac{dh^{-1}(y)}{dy}\right| \quad (3.54)$$

と書くことができる。

以上より Y の確率分布についてはつぎのようなことがわかる。

- h が単調でない場合の分布関数は式 (3.51) で表される。

- h が単調な場合，増加関数なら式 (3.52)，減少関数なら式 (3.53) で表される。
- h が単調な場合，h^{-1} が微分可能であれば確率密度関数は式 (3.54) で表される。

なお，h による変換により f_X と g_Y の定義域が異なる，すなわち

$$\int_a^b f_X(x)\,dx = 1 \neq \int_a^b g_Y(y)\,dy$$

となることが一般的である。これについては例を通して説明する。

例 3.11　(連続型確率変数の変数変換)　連続型確率変数 X の確率密度関数 $f_X(x)$ が

$$f_X(x) = 1 \qquad (0 < x < 1)$$

で与えられているとき，確率変数 $Y = -\ln\{(1-X)/X\}$ の累積分布関数は

$$\begin{aligned}\Pr\{Y \leqq y\} &= \Pr\left\{-\ln\left(\frac{1-X}{X}\right) \leqq y\right\} = \Pr\left\{\frac{1-X}{X} \geqq e^{-y}\right\}\\ &= \Pr\left\{X \leqq \frac{1}{1+e^{-y}}\right\} = \int_0^{1/(1+e^{-y})} 1\,dx\\ &= \frac{1}{1+e^{-y}}\end{aligned}$$

と表すことができる。ここで $0 < x < 1$ のとき $-\infty < \ln\{(1-x)/x\} < \infty$ なので，確率密度関数は

$$f_Y(y) \equiv \frac{d}{dy}F_Y(y) = \frac{e^{-y}}{(1+e^{-y})^2} \qquad (-\infty < y < \infty)$$

となる。なお，$\ln\{(1-x)/x\}$ は $0 < x < 1$ で単調なので式 (3.54) から確率密度関数を求めることもできる。

章 末 問 題

【1】 確率変数 X の確率関数が

$$p_X(x) = \begin{cases} c\,3^{-x} & (x \geqq 0) \\ 0 & (x < 0) \end{cases}$$

で与えられている。以下の問いに答えよ。

(1) 定数 c を求めよ。

(2) $\Pr\{X \geqq 3\}$ を求めよ。

【2】 確率変数 X の確率密度関数が

$$f_X(x) = \begin{cases} \dfrac{2(2-x)}{9} & (-1 \leqq x \leqq 2) \\ 0 & (\text{othrewise}) \end{cases}$$

で与えられている。以下の問いに答えよ。

(1) 累積分布関数を求めよ。

(2) 累積分布関数が微分不可能な点を示せ。

(3) $\Pr\{1 \leqq X < 2\}$ を求めよ。

【3】 確率変数 X の確率密度関数が

$$f_X(x) = \begin{cases} c|x| & (-1 < x < 2) \\ 0 & (\text{otherwise}) \end{cases}$$

で与えられている。以下の問いに答えよ。

(1) 定数 c の値を求めよ。

(2) 累積分布関数を求めよ。

(3) $\Pr\{|X| < 1\}$ を求めよ。

【4】 あるラーメン屋で単品注文の客に限定して調査したところ，麺類を注文する客がチャーハンや餃子など麺類以外を注文する客の 3 倍いることがわかった。以下の問いに答えよ。

(1) 初めて麺類以外を注文する客が現れるまでに麺類を注文する客の数を X とする。X の確率分布を示せ。

(2) 昼 12 時から 13 時までの間に 30 人の客が訪れ，そのうち麺類を注文した客の数を Y とする。Y の確率分布を示せ。

【5】 確率変数 X の確率密度関数が

$$f_X(x) = \begin{cases} c(x^2-1) & (-1 < x < 1) \\ 0 & (\text{otherwise}) \end{cases}$$

で与えられている。以下の問いに答えよ。

(1) 定数 c の値を定めよ。

(2) 累積分布関数を求めよ。

(3) $\Pr\left\{X < \frac{1}{4} \,\middle|\, X > -\frac{1}{2}\right\}$ を求めよ。

【6】 確率変数 X の確率密度関数が

$$f_X(x) = \begin{cases} \frac{3}{2}x^2 & (-1 < x < 1) \\ 0 & (\text{otherwise}) \end{cases}$$

で与えられている。以下の問いに答えよ。

(1) X の期待値と分散を求めよ。

(2) $Y = -2X + 3$ なる確率変数を考えたとき，Y の期待値を求めよ。

(3) Y の 2 次モーメントを求めよ。

【7】 命題 3.1 が成り立つことを示せ。

【8】 a, b が定数のとき

$$Var[aX+b] = a^2 Var[X]$$

が成り立つことを示せ。

【9】 非負の連続型確率変数 X が累積分布関数 $F_X(x)$ をもつとき

$$E[X] = \int_0^\infty \{1 - F_X(x)\}\, dx$$

が成り立つことを示せ。

【10】 確率変数 X の確率密度関数 $f_X(x)$ が

$$f_X(x) = \begin{cases} c\exp[-|x+1|] & (-\infty < x < \infty) \\ 0 & (\text{otherwise}) \end{cases}$$

で与えられている。以下の問いに答えよ。

(1) 定数 c の値を求めよ。

(2) 累積分布関数を求めよ。

(3) X のモーメント母関数を求めよ。

(4) $Y = X + 1$ なる確率変数 Y のモーメント母関数を求めよ。

(5) Y の期待値を求めよ。

【11】 1 から 20 までの番号が書かれたカードの中から等確率で 1 枚選んだところ，1 と 20 以外の数字であることがわかった。このときのカード番号の期待値を求めよ。

【12】 確率変数 X の確率密度関数 $f_X(x)$ が

$$f_X(x) = \begin{cases} \dfrac{1}{5} & (a < x < b) \\ 0 & (\text{otherwise}) \end{cases}$$

で与えられている。以下の問いに答えよ。

(1) $E[X] = 7/2$ であるとき，a と b の値を求めよ。

(2) $\Pr\{X \geqq 3 \mid X < 5\}$ を求めよ。

(3) $E[X \mid 1 \leqq X \leqq 3]$ を求めよ。

(4) X のモーメント母関数 $m_X(t)$ を求めよ。

【13】 確率変数 X の確率密度関数 $f_X(x)$ が

$$f_X(x) = \begin{cases} 2x & (0 < x < 1) \\ 0 & (\text{otherwise}) \end{cases}$$

で与えられているとき，$Y = 27X^3$ で表される確率変数の確率密度関数を求めよ。

【14】 確率変数 X の確率密度関数 $f_X(x)$ が

$$f_X(x) = \frac{1}{2} \qquad (-1 < x < 1)$$

で与えられている。$Y = |X|$ で表される確率変数 Y の確率密度関数を求めよ。

【15】 確率変数 X の確率密度関数 $f_X(x)$ が

$$f_X(x) = \begin{cases} a + b|x| & (-1 < x < 1) \\ 0 & (\text{otherwise}) \end{cases}$$

で与えられている。以下の問いに答えよ。

(1) $E[X] = 0$，$Var[X] = 1/6$ であるとき，a と b の値を求めよ。

(2) $E\left[X \,\middle|\, X > -\dfrac{1}{3}\right]$ を求めよ。

(3) $t \neq 0$ における X の積率母関数 $m_X(t)$ を求めよ。

【16】 確率変数 X の確率密度関数 $f_X(x)$ が

$$f_X(x) = \begin{cases} x\exp[-x] & (x > 0) \\ 0 & (\text{otherwise}) \end{cases}$$

で与えられている。以下の問いに答えよ。

(1) $E[X|X > 5]$ を求めよ。

(2) X のモーメント母関数を求めよ。

(3) X の標準偏差を求めよ。

【17】 $E[X] < \infty$ のとき，定数 a がどのような値であっても

$$E[(X-a)^2] \geqq Var[X]$$

が成り立つことを示せ。

【18】 ある工場では製品を組み立てた後で検査を行い出荷している。組立て時間 X〔時間〕と検査時間 Y〔時間〕は互いに独立で以下の確率密度関数 $f_X(x)$, $g_Y(y)$ に従う。

$$f_X(x) = xe^{-x} \qquad (x > 0)$$
$$g_Y(y) = e^{-y} \qquad (y > 0)$$

製品の組立てを開始してから検査が終了するまでの時間が 3 時間以内となる確率を求めよ。

【19】 X の確率密度関数が $f_X(x)$ $(-\infty < x < \infty)$ で与えられている。$Y = X^2$ なる確率変数 Y の確率密度関数 $g_Y(y)$ を f_X を用いて表せ。

【20】 あるスーパーにはレジが 3 台設置されており，会計に要する時間 X〔秒〕は独立に以下の確率密度関数 $f_X(x)$ に従う。

$$f_X(x) = \frac{1}{30}\exp\left[-\frac{1}{30}x\right] \qquad (x > 0)$$

いま，3 人の客が同時にレジで会計を始めた場合，一番早く会計が終了する時間が 1 分以上かかる確率を求めよ。

4 いろいろな確率分布

これまで確率分布が与えられたときに確率や期待値などを求めるための方法を学んできたが，そもそも確率分布はどのように決めればよいのか，という疑問を抱いた読者も少なくないだろう。通常ゼロから確率分布をつくるという状況はそれほど多くなく，すでに提案されているさまざまな分布の特性を踏まえて適切なものを選ぶことになる。そこで，本章では，よく知られている代表的な確率分布とその性質を説明する。

4.1 連続型確率分布

4.1.1 正 規 分 布

連続型の確率分布として最も代表的なものが正規分布である。自然界や人間社会の中の数多くの現象に当てはまることが知られており，特に測定値の誤差やある程度管理され安定した状態の下で得られる観測値のばらつきを表す際に，正規分布が適している。また，統計学やデータ解析，さらには確率過程とその応用分野でも頻繁に現れるため，これらを学ぶ上でも正規分布の理解はたいへん重要である。

定義 4.1 正 規 分 布

連続型確率変数 X の確率密度関数 $f_X(x)$ が

$$f_X(x) = \frac{1}{\sqrt{2\pi\sigma^2}} \exp\left[-\frac{1}{2\sigma^2}(x-\mu)^2\right] \qquad (-\infty < x < \infty) \tag{4.1}$$

で与えられるとき，X は平均 μ，分散 σ^2 の**正規分布**（normal distribution）に従うといい，$X \sim N(\mu, \sigma^2)$ のように表す†。

μ と σ^2 は**母数**（parameter，または**パラメータ**）と呼ばれており，これらは確率分布の形状を特徴づけるための値である。正規分布は平均を中心とした左右対称の釣鐘型の形状である。また，平均は分布の位置を，分散は分布の広がり（形状）を表している。

図 4.1 からわかるように平均を中心に左右対称なため，例えば $X \sim N(\mu, \sigma^2)$ で a を定数とすると

$$\Pr\{X \geqq \mu + a\} = \Pr\{X \leqq \mu - a\} \tag{4.2}$$

$$\Pr\{X \leqq \mu + a\} = \Pr\{X \geqq \mu - a\} \tag{4.3}$$

$$\Pr\{\mu - a \leqq X \leqq \mu\} = \Pr\{\mu \leqq X \leqq \mu + a\} \tag{4.4}$$

$$\Pr\{X \leqq \mu\} = \Pr\{X \geqq \mu\} = 0.5 \tag{4.5}$$

である。

一方，同一の平均の下で分散が大きくなると，**図 4.2** のように確率密度関数が潰れたような形状に変化する。

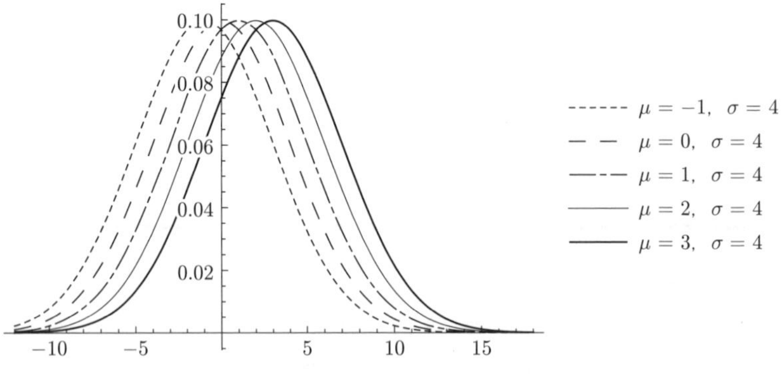

図 4.1 平均の変化に着目した正規分布の形状の違い

† N は Normal の頭文字である。

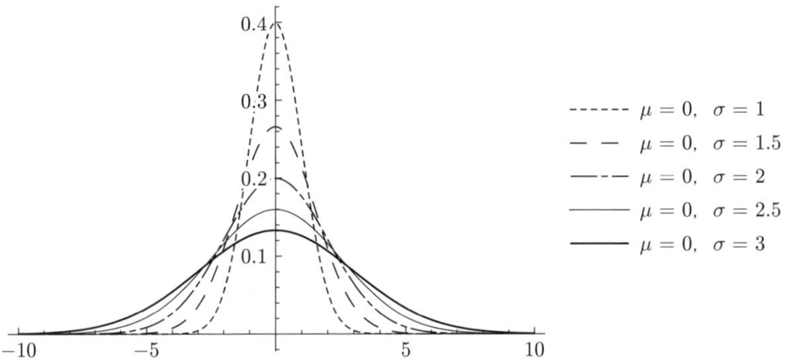

図 4.2　分散の変化に着目した正規分布の形状の違い

正規分布は**ガウス分布**（Gaussian distribution）とも呼ばれている。これは正規分布の原型を発見した著名な数学者で物理学者のガウスの名前に由来している。式 (4.1) からわかるように，解析的に累積分布関数を求めることはできない。このため，通常は数表や数値計算が必要になるが，最近では Excel の関数機能を利用するのが最も簡単であろう。

累積分布関数を求めることが難しいため，式 (4.1) を $(-\infty, \infty)$ の範囲で積分して 1 になることを検証するためには，つぎのような工夫が必要になる。まず $s = (x - \mu)/\sigma$ のような変換を行うと

$$\int_{-\infty}^{\infty} f_X(x)\, dx = \int_{-\infty}^{\infty} \frac{1}{\sqrt{2\pi}} \exp\left[-\frac{s^2}{2}\right] ds \tag{4.6}$$

という関係が成り立つ。そこで

$$I = \int_{-\infty}^{\infty} \exp\left[-\frac{s^2}{2}\right] ds$$

とおくと

$$\begin{aligned} I^2 &= \left(\int_{-\infty}^{\infty} \exp\left[-\frac{s^2}{2}\right] ds\right)\left(\int_{-\infty}^{\infty} \exp\left[-\frac{t^2}{2}\right] dt\right) \\ &= \int_{-\infty}^{\infty}\int_{-\infty}^{\infty} \exp\left[-\frac{1}{2}(s^2 + t^2)\right] dsdt \end{aligned}$$

と表すことができる。さらに

$$s = r\cos\theta, \qquad t = r\sin\theta$$

と変換（極座標変換）すると $s^2 + t^2 = r^2$，$0 < r < \infty$，$0 \leqq \theta \leqq 2\pi$ であるので

$$I^2 = \int_0^{2\pi}\int_0^{\infty} \exp\left[-\frac{r^2}{2}\right] r d\theta dr = 2\pi$$

を示せばよいことになる。この計算は二重積分を理解していれば難しくない。

累積分布関数と同様に積率母関数の導出でも少し工夫が必要になる。確率変数 $X \sim N(\mu, \sigma^2)$ の積率母関数を $m_X(t)$ とすると

$$\begin{aligned}
m_X(t) &= E\left[e^{tx}\right] = \int_{-\infty}^{\infty} e^{tx}\frac{1}{\sqrt{2\pi\sigma^2}}\exp\left[-\frac{(x-\mu)^2}{2\sigma^2}\right] dx \\
&= \int_{-\infty}^{\infty} \frac{1}{\sqrt{2\pi\sigma^2}}\exp\left[tx - \frac{x^2 - 2x\mu + \mu^2}{2\sigma^2}\right] dx \\
&= \int_{-\infty}^{\infty} \frac{1}{\sqrt{2\pi\sigma^2}}\exp\left[-\frac{x^2 - 2(\mu + \sigma^2 t)x + \mu^2}{2\sigma^2}\right] dx \\
&= \int_{-\infty}^{\infty} \frac{1}{\sqrt{2\pi\sigma^2}}\exp\left[-\frac{\{x - (\mu + \sigma^2 t)\}^2 - \sigma^4 t^2 - 2\mu\sigma^2 t}{2\sigma^2}\right] dx \\
&= \int_{-\infty}^{\infty} \frac{1}{\sqrt{2\pi\sigma^2}}\exp\left[\frac{\sigma^2 t^2}{2} + \mu t - \frac{\{x - (\mu + \sigma^2 t)\}^2}{2\sigma^2}\right] dx \\
&= \exp\left[\mu t + \frac{\sigma^2 t^2}{2}\right]\int_{-\infty}^{\infty} \frac{1}{\sqrt{2\pi\sigma^2}}\exp\left[-\frac{\{x - (\mu + \sigma^2 t)\}^2}{2\sigma^2}\right] dx \\
&= \exp\left[\mu t + \frac{\sigma^2 t^2}{2}\right] \qquad (4.7)
\end{aligned}$$

で得られる。最後の式変形で定積分の値が 1 になるのは平均 $\mu + \sigma^2 t$，分散 σ^2 の正規分布の確率密度関数が現れていることを利用している。式 (4.7) を用いると

$$m_X'(t) = (\mu + \sigma^2 t)m_X(t) \qquad (4.8)$$

$$m_X''(t) = \sigma^2 m_X(t) + (\mu + \sigma^2 t)m_X'(t) \qquad (4.9)$$

が得られるため

$$E[X] = m_X'(0) = \mu, \qquad E[X^2] = m_X''(0) = \sigma^2 + \mu^2$$

$$Var[X] = E[X^2] - (E[X])^2 = \sigma^2$$

より平均と分散が μ と σ^2 になることがわかる。

正規分布がよく用いられる理由として数多くの現象に当てはまると記したが，別の理由としては，以下のような便利な性質をもっていることが挙げられる。

命題 4.1 正規分布の性質

(1) a, b を定数としたとき，$X \sim N(\mu, \sigma^2)$ ならば $Y = aX + b$ で表される確率変数 Y は $Y \sim N(a\mu + b, a^2\sigma^2)$ である。

(2) $i = 1, \cdots, n$ とする。a_i, b がすべて定数で $X_i \sim N(\mu_i, \sigma_i^2)$ であり，$i \neq j$ のとき X_i と X_j が独立ならば，$Y = \sum_{i=1}^{n} a_i X_i + b$ で表される確率変数 Y は

$$Y \sim N\left(\sum_{i=1}^{n} a_i\mu_i + b, \sum_{i=1}^{n} a_i^2\sigma_i^2\right)$$

である。

このように正規分布の線形変換や線形結合が正規分布に従うことがわかる。特に (2) を**正規分布の再生性**と呼ぶことがある。

しかし，確率を求めるとなるとこれまで行ってきたような計算や命題 4.1 を用いるだけでは対応できない。特に数表を用いて確率を計算する場合は標準正規分布が必要になる。ここで平均 0，分散 1 の正規分布を**標準正規分布**（standard normal distribution）と呼ぶ。$Z \sim N(0, 1)$ である確率変数 Z の確率密度関数と累積分布関数をそれぞれ $\phi(x)$, $\Phi(x)$ とすると

$$\phi(z) = \frac{1}{\sqrt{2\pi}} \exp\left[-\frac{1}{2}z^2\right] \tag{4.10}$$

$$\Phi(z) = \int_{-\infty}^{z} \phi(u)du \tag{4.11}$$

である。平均が 0 なので $\Phi(0) = 0.5$ である。

標準正規分布は以下のような性質をもつ。

命題 4.2 標準正規分布の性質

(1) $X \sim N(\mu, \sigma^2)$ のとき，$Z = (X - \mu)/\sigma \sim N(0, 1)$ である。

(2) $Z \sim N(0, 1)$ ならば $X = \sigma Z + \mu \sim N(\mu, \sigma)$ である。

(3) $\phi(x) = \phi(-x)$ である。

(4) $1 - \Phi(x) = \Phi(-x)$ である。

---

(1) のような $Z = (X - \mu)/\sigma$ という変換を**規準化**（normalization，または**正規化**）と呼ぶ。これより平均と分散が与えられた正規分布はすべて標準正規分布へ変換することが可能であることがわかる。この性質は数表を利用して確率を求める際に役に立つ。(2) は (1) と逆の変換を行っているだけだが，シミュレーションを行う場面で用いられることがある。(3) と (4) は数表から確率を求める上で非常に重要な性質で，(3) は正規分布の確率密度関数が平均を中心に左右対称な形状であることを示しており，(4) はこの (3) の事実を用いて示すことができる。

例えば $a > 0$ を定数としたとき，命題 4.2 (4) を用いると

$$\begin{aligned}\Pr\{|Z| \leqq a\} &= \Pr\{Z \leqq a\} - \Pr\{Z \leqq -a\} \\ &= \Phi(a) - \Phi(-a) = \Phi(a) - \{1 - \Phi(a)\} \\ &= 2\Phi(a) - 1\end{aligned}$$

と表され，この式を用いると数表から $|Z|$ の確率を求めることが可能になる。

4.1.2 対数正規分布

正規分布は具体的な現象を表す際によく用いられるが，時間のように非負の値しか観測されないような場面ではあまり都合がよくない。そのような場合に役に立つ分布の一つが対数正規分布である。

定義 4.2 対数正規分布

定数 μ, σ に対し，確率変数 X の確率密度関数 $f_X(x)$ が

$$f_X(x) = \begin{cases} \dfrac{1}{\sqrt{2\pi\sigma^2}x} \exp\left[-\dfrac{(\log x - \mu)^2}{2\sigma^2}\right] & (x > 0) \\ 0 & (x \leqq 0) \end{cases} \tag{4.12}$$

で与えられるとき，X は**対数正規分布**（log–normal distribution）に従うという。ただし，$-\infty < \mu < \infty$，$\sigma > 0$ である。

確率変数 X の対数変換 $Y = \log X$ が平均 μ で分散 σ^2 の正規分布に従うことが名称の由来である。これは以下のように示すことができる。$Y \sim N(\mu, \sigma^2)$ であるから Y の確率密度関数 $f_Y(y)$ は

$$f_Y(y) = \frac{1}{\sqrt{2\pi\sigma^2}} \exp\left[-\frac{(y-\mu)^2}{2\sigma^2}\right]$$

と書ける。ただし $-\infty < y < \infty$ である。$Y = \log X$ より

$$\frac{dy}{dx} = \frac{1}{x}$$

なので

$$f_X(x) = f_Y(\log x)\left|\frac{dy}{dx}\right|$$

より式 (4.12) が得られる。

対数正規分布の期待値と分散は

$$E[X] = \exp\left[\mu + \frac{1}{2}\sigma^2\right], \qquad Var[X] = \exp\left[2\mu + \sigma^2\right]\left(\exp\left[\sigma^2\right] - 1\right)$$

で与えられる。二つのパラメータがそれぞれ平均と分散を表す正規分布と異なり，対数正規分布は $Var[X]$ が $E[X]$ の 2 乗に比例するという特徴がある。

また，正規分布は，パラメータの値をどのように設定しても確率密度関数の形状が左右対称で釣鐘型になるという点は同じだが，対数正規分布は**図 4.3** のように左右対称にはならない。

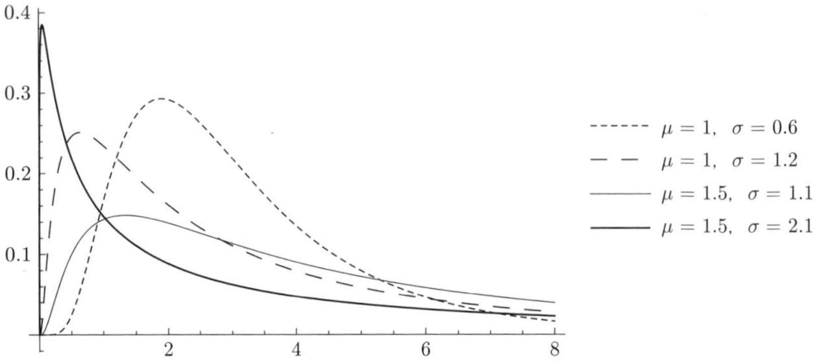

図 4.3　対数正規分布の確率密度関数

4.1.3　コーシー分布

正規分布と同じように左右対称で釣鐘型の形状の確率密度関数だが，性質が大きく異なるのがコーシー分布である。

定義 4.3　コーシー分布

ある定数 α, β に対し，確率変数 X の確率密度関数 $f_X(x)$ が

$$f_X(x) = \frac{\alpha}{\pi\{\alpha^2 + (x-\beta)^2\}} \qquad (-\infty < x < \infty) \tag{4.13}$$

で与えられるとき，X は**コーシー分布**（Cauchy distribution）に従うという。ただし，$\alpha > 0$，$-\infty < \beta < \infty$ である。

コーシー分布の特徴は以下のようなものである。

(1)　確率密度関数は β について左右対称である。

(2)　k 次積率が存在しない。

(3)　ある一点を除き積率母関数が存在しない。

(4)　最頻値と中央値は β である。

(5)　中心極限定理が成立しない。

k 次積率が存在しないということは期待値や分散が存在しない，すなわち $E[X] > \infty$ であることを意味している。また，積率母関数も存在しないため，代わりに

特性関数が用いられる。

図 4.4 は $\beta = 0$ としたコーシー分布と標準正規分布を表している。この図から形状は似ているが，コーシー分布のほうが裾が厚くなっていることがわかる。この特徴がコーシー分布の積率が存在しない理由と関係している。

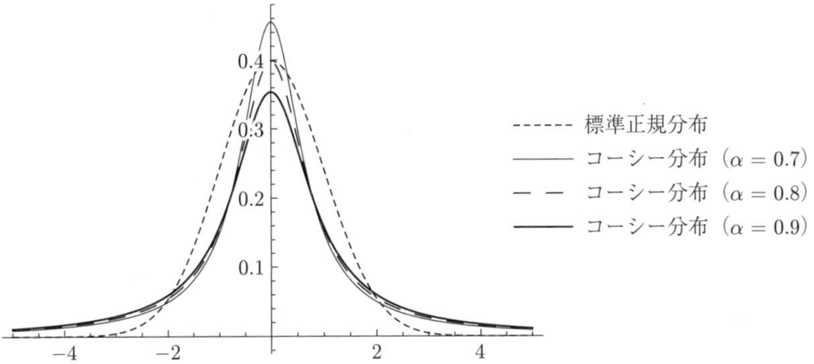

図 **4.4**　コーシー分布の確率密度関数

4.1.4　一様分布とベータ分布

サイコロ投げの場合，1/6 という等確率で 1 から 6 までのいずれかの目が出る。これをもう少し一般化すると，$1/N$ の確率で 1 から N までのいずれかの整数値が観測されるという現象を考えることができ，これは離散型分布である。これを連続型に拡張させたものが一様分布である。

定義 4.4　一 様 分 布

ある定数 a, b $(a < b)$ に対し，確率密度関数 $f_X(x)$ が

$$f_X(x) = \begin{cases} \dfrac{1}{b-a} & (a \leqq x \leqq b) \\ 0 & (\text{otherwise}) \end{cases} \tag{4.14}$$

で与えられるとき，X は区間 $[a, b]$ 上の**一様分布**（uniform distribution）に従うといい，$X \sim U(a, b)$ のように書く。

定義 4.4 からわかるように，一様分布の確率密度関数は $x = a, b$ で不連続だが，累積分布関数は連続になる（章末問題）。一様分布の期待値，分散，積率母関数は

$$E[X] = \int_a^b x \frac{1}{b-a}\, dx = \frac{a+b}{2} \tag{4.15}$$

$$Var[X] = \int_a^b x^2 \frac{1}{b-a}\, dx - \left(\frac{a+b}{2}\right)^2 = \frac{(b-a)^2}{12} \tag{4.16}$$

$$m_X(t) = \int_a^b e^{tx} \frac{1}{b-a}\, dx = \frac{e^{bt} - e^{at}}{(b-a)t} \qquad (t \neq 0) \tag{4.17}$$

となる。

一様分布はシミュレーションを行う際，乱数を生成するときに用いられる。乱数とは独立な確率変数の実現値で，特にモンテカルロ法と呼ばれる方法で重要な役割を果たす。

つぎに述べるベータ分布は，一様分布を特別な場合として含んでいる。

定義 4.5　ベータ分布

ある定数 $\alpha > 0$，$\beta > 0$ に対し，確率変数 X の確率密度関数 $f_X(x)$ が

$$f_X(x) = \begin{cases} \dfrac{1}{B(\alpha, \beta)} x^{\alpha-1}(1-x)^{\beta-1} & (0 < x < 1) \\ 0 & (\text{otherwise}) \end{cases} \tag{4.18}$$

で与えられるとき，X は**ベータ分布**（beta distribution）に従うという。

ベータ分布の名前の由来はベータ関数 $B(\alpha, \beta)$ が使われているためである。ベータ関数は

$$B(\alpha, \beta) = \int_0^1 x^{\alpha-1}(1-x)^{\beta-1}\, dx$$

で表されるため，これを利用すると

$$\int_0^1 f_X(x)\, dx = 1$$

が得られる。そして，ベータ分布の期待値と分散はそれぞれ

$$E[X] = \frac{\alpha}{\alpha+\beta}, \qquad Var[X] = \frac{\alpha\beta}{(\alpha+\beta)^2(\alpha+\beta+1)} \tag{4.19}$$

のように表すことができる。

正規分布と異なり，**図 4.5** のようにベータ分布はパラメータ α と β の値によって確率密度関数の形状が変わる。特に $\alpha = \beta = 1$ の場合は一様分布を表す。

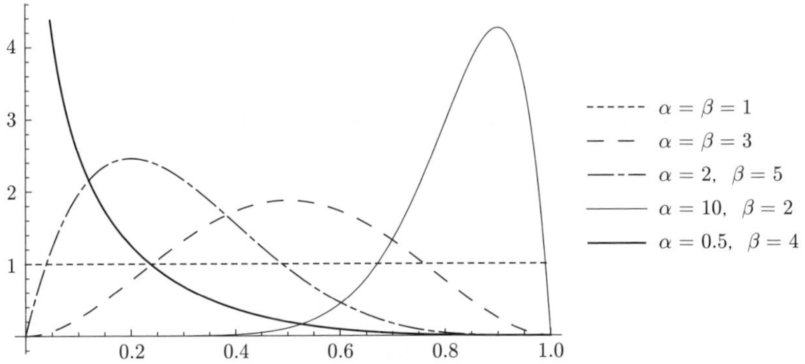

図 4.5 ベータ分布の確率密度関数

定義域が $0 < x < 1$ であるということもあり，具体的な現象にベータ分布を当てはめる場面はあまりない。しかし，本書ではふれないが，ベイズ統計学と呼ばれる分野で重要な役割を果たす。

4.1.5 指数分布とガンマ分布

なんらかの時間を確率変数で表す場合，**無記憶性**（memoryless property）と呼ばれる特別な性質を満たすことが望ましい場合がある。無記憶性とは，確率変数 X について

$$\Pr\{X > t + s | X > s\} = \Pr\{X > t\} \tag{4.20}$$

という式を満たすことである。

無記憶性を想定することが妥当な現象の一つとして通話時間がある。例えば，大学生がレポートについて電話で相談していたとしよう。あれこれといろいろ

話をしていたところ，突然休日に旅行に行く話題がもち上がったとする。このとき，もし早く電話を終わらせるよう急《せ》かされていなければ，レポートについて話していた時間とは関係なく旅行の話をつづけるのではないだろうか。式 (4.20) が意味しているのはこのようなことであり，待ち行列理論における客の到着時間やサービス時間，信頼性理論におけるアイテムが故障するまでの時間を表す場合には，無記憶性を満たす確率分布が用いられる。

連続型確率変数に限定すると，無記憶性をもつ確率分布は一つしか存在しない。それが以下に示す指数分布である。

定義 4.6　指 数 分 布

定数 λ に対し，確率変数 X の確率密度関数 $f_X(x)$ が

$$f_X(x) = \begin{cases} \lambda \exp[-\lambda x] & (x > 0) \\ 0 & (\text{otherwise}) \end{cases} \tag{4.21}$$

で与えられるとき，X は**指数分布** (exponential distribution) に従うという。ただし，$\lambda > 0$ である。

指数分布の平均と分散，および積率母関数は

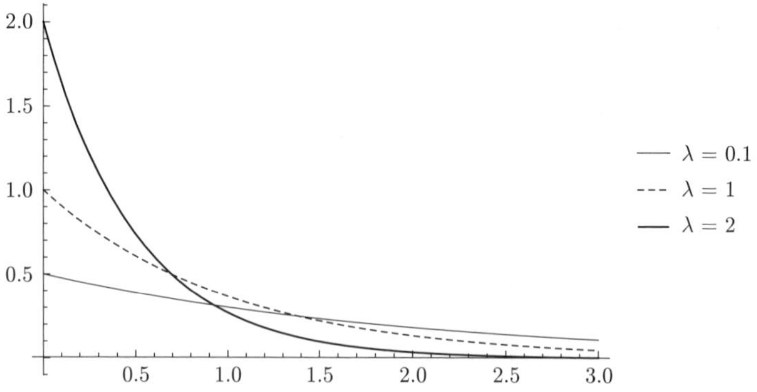

図 **4.6**　指数分布の確率密度関数

$$E[X] = \frac{1}{\lambda}, \qquad Var[X] = \frac{1}{\lambda^2} \tag{4.22}$$

$$m_X(x) = \frac{\lambda}{\lambda - t} \qquad (t < \lambda) \tag{4.23}$$

で表される。また，指数分布の確率密度関数は図 **4.6** のようにパラメータの値を変えても形状はほぼ同じである。

今度はつぎのような問題を考えてみる。

例 4.1　あるコンビニエンスストアのレジに n 人の客が会計のために並んでいる。会計のために要する時間の分布は平均 $1/\lambda$ の独立な指数分布に従う。新たな客が並ぶことがないとき，n 人の客すべての会計が終わるまでの時間の分布は，どのように表されるだろうか？

これは 3.4.1 項で説明した和の分布の考え方を用いればよい。このような指数分布の和の分布を特別な場合として含んでいるのがガンマ分布である。

定義 4.7　ガンマ分布

定数 α, β に対し，確率変数 X の確率密度関数 $f_X(x)$ が

$$f_X(x) = \begin{cases} \dfrac{\beta^\alpha x^{\alpha-1} e^{-\beta x}}{\Gamma(\alpha)} & (x > 0) \\ 0 & (\text{otherwise}) \end{cases} \tag{4.24}$$

で与えられるとき，X は**ガンマ分布** (gamma distribution) に従うという。ただし，$\alpha > 0$，$\beta > 0$ である。

$\Gamma(\alpha)$ はガンマ関数と呼ばれる関数で，この関数を確率密度関数に含んでいるのが名前の由来である。ガンマ関数は

$$\Gamma(\alpha) = \int_0^\infty x^{\alpha-1} e^{-x}\, dx \tag{4.25}$$

で定義されており

$$\Gamma(\alpha + 1) = \alpha\Gamma(\alpha) \tag{4.26}$$

$$\Gamma(1/2) = \sqrt{\pi} \tag{4.27}$$

を満たす。特に式 (4.26) を用いると，整数 n に対し

$$\Gamma(n+1) = n!$$

が成り立つことがわかる。

このようなガンマ関数の性質を利用すると

$$\int_0^\infty f_X(x)\,dx = 1$$

となることを示すことができ，さらに期待値，分散，積率母関数が

$$E[X] = \frac{\alpha}{\beta}, \qquad Var[X] = \frac{\alpha}{\beta^2} \tag{4.28}$$

$$m_X(t) = \left(\frac{\beta}{\beta - t}\right)^\alpha \qquad (t < \beta) \tag{4.29}$$

で表される。ガンマ分布は二つのパラメータの値により**図 4.7** のように確率密度関数の形状が大きく変わる。

特に $\alpha = n$ で n が整数のとき，ガンマ分布は**アーラン分布**（Erlang distribution）と呼ばれており，このときの確率密度関数を書き直すと

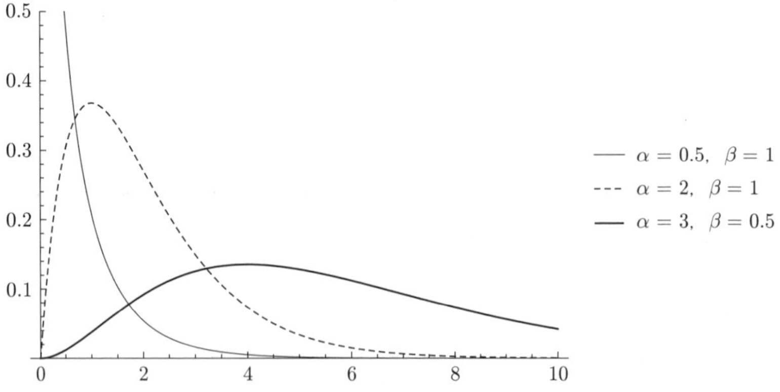

図 4.7　ガンマ分布の確率密度関数

$$f_X(x) = \frac{\beta^n x^{n-1} e^{-\beta x}}{(n-1)!}$$

となる。これより $n=1$ のときに指数分布と一致することが確認できる。

このような指数分布の一般化であるガンマ分布の和の分布については，以下の性質が成り立つことが知られている。

定理 4.1　ガンマ分布の再生性

独立な確率変数 X_i $(i = 1, \cdots, n)$ がそれぞれパラメータ α_i, β のガンマ分布に従うとき，その和である $Y = X_1 + \cdots + X_n$ はパラメータ $\alpha_1 + \cdots + \alpha_n$, β のガンマ分布に従う。

コーヒーブレイク

パラメータの書き方

確率統計を本格的に勉強したいという読者は，おそらく本書以外の書籍を使用する機会も多くなるはずである。そのときに注意が必要なのはパラメータの書き方である。正規分布などはほとんどの場合，平均に μ, 標準偏差には σ というギリシャ文字を使うが，文献によっては違う文字を使うこともある。これくらいなら大したことはないかもしれないが，例えばガンマ分布の場合であれば，本書で使用した α はそのままであるのに対し，β は逆数にして

$$f_X(x) = \frac{\beta^{-\alpha} x^{\alpha-1} e^{-x/\beta}}{\Gamma(\alpha)}$$

のように確率密度関数を記述している文献もある。どちらが正しいとか誤りとかはないのでそれでも問題はないが，自分が慣れた書き方と異なると少々見づらい。

特にガンマ分布は，式からわかるように確率を手計算で求めることが不可能なので，コンピュータの使用が不可欠である。身近なものだと Excel が代表的な例で，gamma.dist という関数を使うと分布関数や密度関数の値を計算してくれるが，上のように本書の β の逆数の形を想定している。他のソフトウェアや数値計算のためのパッケージでもパラメータの書き方（置き方と呼んだほうがよいかもしれない）が異なるので，よく知っている分布を使用する場合であっても事前にヘルプ機能などで確認したほうがよい。

$\alpha_i = 1$ のガンマ分布は指数分布となるため，指数分布に従う確率変数の和がアーラン分布になることも上の定理から得られる。なお，定理 4.1 は α だけが異なる状況を想定しており，β が異なる場合には成り立たないので注意が必要である。

4.2　離散型確率分布

4.2.1　二　項　分　布

確率の問題でよく取り上げられているコインを 1 回だけ投げるというような現象を考えた場合，以下の三つの条件を満たしている。

(1)　試行の結果が成功（表）と失敗（裏）の 2 通りである。

(2)　成功の確率はつねに一定である。

(3)　試行は独立である。

これらの条件を満たす試行を**ベルヌーイ試行**（Bernoulli trial）と呼ぶ。いま，成功の確率を p とし，成功なら 1，失敗なら 0 となる確率変数 Y を考えた場合，確率関数 $f_Y(y)$ は

$$f_Y(y) = \begin{cases} p^y(1-p)^{1-y} & (y = 0, 1) \\ 0 & (\text{otherwise}) \end{cases} \tag{4.30}$$

と表すことができる。確率関数が式 (4.30) で与えられるとき，確率変数 Y はパラメータ p の**ベルヌーイ分布**（Bernoulli distribution）に従うという。ベルヌーイ分布の期待値 $E[Y]$，分散 $Var[Y]$，積率母関数 $m_Y(t)$ はそれぞれ

$$E[Y] = p, \qquad Var[Y] = p(1-p), \qquad m_Y(t) = pe^t + (1-p) \tag{4.31}$$

となる。

つぎにコインを 1 回だけでなく n 回投げることを考える。要は，成功の確率が p $(0 < p < 1)$ のベルヌーイ試行を複数回繰り返すということである。この

とき，成功の回数を表す確率変数を X とすると，X の確率関数 $f_X(x)$ は

$$f_X(x) = \begin{cases} \dbinom{n}{x} p^x (1-p)^{n-x} & (x = 0, \cdots, n) \\ 0 & (\text{otherwise}) \end{cases} \tag{4.32}$$

で与えられる。確率関数が式 (4.32) であるような確率変数 X をパラメータ n, p の**二項分布**（binomial distribution）に従うといい，$X \sim B(n,p)$ のように表す†。確率関数 $f_X(x)$ は，1 回の成功確率が p のベルヌーイ試行を n 回繰り返した結果，x 回成功する確率を意味している。

ベルヌーイ分布はとり得る値が 0 と 1 しかないため，期待値，分散，積率母関数は単純に和をとれば求めることができる。これに対し，二項分布はそのような単純な考え方は適用できない。ここで重要になるのが二項定理である。

定理 4.2　二 項 定 理

非負の整数 n に対し

$$(a+b)^n = \sum_{r=0}^{n} \binom{n}{r} a^r b^{n-r}$$

が成り立つ。ただし

$$\binom{n}{r} = \frac{n!}{r!(n-r)!}, \qquad n! = n \cdot (n-1) \cdots 2 \cdot 1$$

である。

二項定理を用いると二項展開を行ったときの係数がわかる。

定理 4.2 より $a = p$, $b = 1 - p$ とおくと

$$\sum_{x=0}^{n} \binom{n}{x} p^x (1-p)^{n-x} = \{p + (1-p)\}^n = 1$$

となり二項分布の確率関数の和が 1 になる，すなわち，確率関数としての条件を満たしていることがわかる。期待値もまともに計算するのではなく，いかに

† B は Binomial の頭文字である。

二項定理を用いるのかを考える必要がある。二項係数を階乗で書き直すと

$$\begin{aligned} E[X] &= \sum_{x=0}^{n} x \cdot \frac{n!}{x!(n-x)!} p^x (1-p)^{n-x} \\ &= \sum_{x=1}^{n} \frac{n!}{(x-1)!(n-x)!} p^x (1-p)^{n-x} \\ &= np \sum_{x=1}^{n} \frac{(n-1)!}{(x-1)!(n-x)!} p^{x-1} (1-p)^{n-x} \\ &= np \end{aligned} \tag{4.33}$$

より期待値が得られる。最後の式変形は二項定理を使用しており

$$\sum_{x=1}^{n} \frac{(n-1)!}{(x-1)!(n-x)!} p^{x-1} (1-p)^{n-x} = 1$$

という結果に基づいている。つぎに分散を考える。通常は 1 次と 2 次の積率を求めるが，二項定理の使用を想定した場合，2 次積率である $E[X^2]$ ではなく $E[X(X-1)]$ のほうが都合がよい。まず

$$\begin{aligned} E[X(X-1)] &= \sum_{x=0}^{n} x(x-1) \cdot \frac{n!}{x!(n-x)!} p^x (1-p)^{n-x} \\ &= \sum_{x=2}^{n} \frac{n!}{(x-2)!(n-x)!} p^x (1-p)^{n-x} \\ &= n(n-1)p^2 \sum_{x=2}^{n} \frac{(n-2)!}{(x-2)!(n-x)!} p^{x-2} (1-p)^{n-x} \\ &= n(n-1)p^2 \end{aligned} \tag{4.34}$$

となるので，これを用いると

$$\begin{aligned} Var[X] &= E[X^2] - (E[X])^2 = E[X(X-1)] + E[X] - (E[X])^2 \\ &= np(1-p) \end{aligned} \tag{4.35}$$

となる。同様に積率母関数も二項定理を用いることで

$$m_X(t) = E[e^{Xt}] = \sum_{x=0}^{n} e^{tx} \cdot \binom{n}{x} p^x (1-p)^{n-x}$$

$$= \sum_{x=0}^{n} \binom{n}{x} (pe^t)^x (1-p)^{n-x}$$
$$= \{pe^t + (1-p)\}^n \tag{4.36}$$

と表すことができる。

ここでベルヌーイ試行を繰り返すことで二項分布が得られるという結果を積率母関数を用いて示す。いま，ベルヌーイ分布に従う n 個の確率変数 Y_i $(i = 1, \cdots, n)$ を考える。ベルヌーイ試行の条件より $i \neq j$ ならば Y_i と Y_j は互いに独立である。Y_i は i 回目のベルヌーイ試行の結果，成功ならば 1 を，失敗ならば 0 をとるため

$$X = \sum_{i=1}^{n} Y_i$$

により確率変数 X を定義すると，X は n 回のベルヌーイ試行の結果成功した回数を表す。式 (4.31) よりベルヌーイ分布の積率母関数は

$$m_{Y_i}(t) = pe^t + (1-p)$$

であり，独立なので

$$m_X(t) = \prod_{i=1}^{n} m_{Y_i}(t) = \{pe^t + (1-p)\}^n \tag{4.37}$$

が成り立つ。式 (4.37) は二項分布の積率母関数と一致する。よって，積率母関数の一意性より，Y_i がベルヌーイ分布に従うのならば X は二項分布に従う。

4.2.2 超幾何分布

二項分布ではコイン投げを例に説明した。同じように二つの結果しか得られないお馴染みの例として，箱から球を取り出す問題がある。赤球 M 個と白球 $N-M$ 個の計 N 個の中からいくつか球を取り出したときに赤球は何個含まれるか，という問題である。仮に球を 1 個取り出す場合，それが赤球である確率は M/N である。つぎにもう 1 個取り出す場合，最初の球を箱に戻してか

ら取り出すのであれば確率は同じく M/N であるが，元に戻さないのであれば最初の 1 個が赤か白かで確率は変わる。このようになにかの集まりの中から要素を取り出すとき，その要素を元に戻してから新たに要素を取り出すような行為を**復元抽出**（sampling with replacement），元に戻さない場合を**非復元抽出**（sampling without replacement）と呼ぶ。先ほど説明した二項分布はすべての試行で確率が変わらないため，復元抽出を想定していることになる。これに対し，非復元抽出を表しているのが以下に示す超幾何分布である。

定義 4.8　超幾何分布

定数 N, M, n に対し，確率変数 X の確率関数 $f_X(x)$ が

$$f_X(x) = \frac{\dbinom{M}{x}\dbinom{N-M}{n-x}}{\dbinom{N}{n}} \qquad (x = 0, 1, 2, \cdots, n) \tag{4.38}$$

で表されるとき，X は**超幾何分布**[†1]（hypergeomatric distribution）に従うという。ただし，$N > 0$，$N \geqq M$，$N \geqq n$ である。

超幾何分布の確率関数には二項係数が含まれているため，$x \leqq M$, $n-x \leqq N-M$ であることも必要である。よって，$f_X(x) > 0$ となる x の範囲は

$$\max[0, n-(N-M)] \leqq x \leqq \min[n, M]$$

である。超幾何分布の確率関数の和が 1 になるという事実は，二項係数が満たす

$$\sum_{x=0}^{n} \binom{M}{x}\binom{N-M}{n-x} = \binom{N}{n}$$

という関係[†2]を用いることで得られる。

超幾何分布の期待値と分散はそれぞれ

[†1] 超幾何分布という名前は超幾何級数（詳細は割愛）に由来している。
[†2] これは二項定理を用いて右辺を左辺の式に変形できることを示せばよい。

$$E[X] = n\frac{M}{N}, \qquad Var[X] = n\frac{M}{N}\frac{N-M}{N}\frac{N-n}{N-1}$$

となる。なお，積率母関数はきれいな形で表すことができない。

超幾何分布の確率関数の意味は先ほどの例を用いて解釈できる。赤球 M 個と白球 $N-M$ 個の計 N 個の球が入った箱から n 個の球を取り出したときに赤球が x 個含まれる確率を考える。このとき，n 個の球を取り出す組合せは $\binom{N}{n}$ である。赤球が全部で M 個あるので x 個取り出す場合は $\binom{M}{x}$ であり，残りの $n-x$ 個はすべて白球になるので $\binom{N-M}{n-x}$ の組合せを考えることになる。よって，ちょうど x 個赤球が取り出される確率は式 (4.38) で表される。

このような例に基づくと，最初に赤球が 1 個取り出される確率は M/N であり，最初が赤球であるという条件の下でつぎに取り出されるのも赤球である確率は $(M-1)/(N-1)$ である。これらは N や M が非常に大きければ値はそれほど変わらないはずである。よって，$M/N = p$（一定）となるように $N \to \infty$, $M \to \infty$ とすると二項分布に近似することができる。

4.2.3 負の二項分布と幾何分布

コイン投げの場合，n 回コインを投げて x 回表が出る確率を考えているのが二項分布である。これに対し，初めて表が出るまでに裏が x 回出る確率を考えると，表が出る確率が p であれば

$$(1-p)^x p \qquad (x = 0, 1, 2, \cdots) \tag{4.39}$$

となり，これは確率関数になっている。確率関数が式 (4.39) で表されるような確率分布を**幾何分布**（geometric distribution）という。

幾何分布について少し別のいい方をすると，ベルヌーイ試行の下で初めて成功するまでに失敗する回数の分布ということになる。この「初めて」をもう少し一般化し，m 回成功するまでに失敗する回数に着目したのが，負の二項分布である。

定義 4.9　負の二項分布

定数 m, p に対し，確率変数 X の確率関数 $f_X(x)$ が

$$f_X(x) = \binom{m+x-1}{x} p^m (1-p)^x \qquad (x = 0, 1, 2, \cdots) \quad (4.40)$$

で与えられるとき，X は**負の二項分布**（negative binomial distribution）に従うという。ただし，$m > 0$，$0 < p < 1$ である。

負の二項分布は**パスカル分布**（Pascal distribution）とも呼ばれている。

なお，名称に「負の」とあるが，負の値をとるという意味ではない。これは，二項係数を変形すると確率関数を

$$f_X(x) = \binom{-m}{x} p^m \{-(1-p)\}^x \qquad (x = 1, 2, \cdots) \qquad (4.41)$$

と書けることがその理由である。式 (4.41) を負の二項分布の確率関数としている文献もある。y と a がいずれも実数で $|y| < 1$ のとき，二項係数が

$$(1+y)^a = \sum_{k=0}^{\infty} \binom{a}{k} y^k$$

を満たすという性質を利用すると，式 (4.41) の x に関する和が 1 になるという事実が得られる。

$m = 1$ の場合の負の二項分布は幾何分布と一致する。負の二項分布の期待値，分散，および積率母関数は

$$E[X] = m\frac{1-p}{p}, \qquad Var[X] = m\frac{1-p}{p^2},$$
$$m_X(t) = \left\{\frac{p}{1-(1-p)e^t}\right\}^m$$

で表される。

負の二項分布の確率関数は以下のように解釈できる。ベルヌーイ試行において，成功確率が p の下でちょうど m 回成功するまでに失敗する回数 x を考えた

場合，試行回数は全部で $m+x$ となる。このとき，最後の $m+x$ 回目が m 回目の成功となる必要がある。もし $m+x$ 回目が失敗なら少なくとも $m+x-1$ 回目以前で m 回の成功が観測されてしまうため，上にある「ちょうど」に矛盾してしまう。$m+x$ 回目が成功ならば残りの $m+x-1$ 回の中の x 回が失敗となるため，このような確率は式 (4.40) で表されることになる。

4.2.4 ポアソン分布

これまで説明してきた離散型分布はいずれも意味をもっていた。その分連続型よりも具体的な応用分野をイメージしやすかったかもしれないが，その一方で用途が制約されてしまっているという印象をもったのではないだろうか。二項分布や超幾何分布は試行回数に上限があり，負の二項分布は成功回数に上限がある。これに対し，以下に示す事象の場合，事象の発生に伴って現れる数に関する上限があると考えるのは少し具合が悪いと思えるのではないだろうか。

(1) 設備を廃棄処分するまでに修理する回数
(2) 1日の間にコンビニエンスストアを訪れる客の数
(3) 通勤時間帯に交差点を通過する自動車の台数
(4) 東京都で1年間に生まれる子供の数
(5) サッカーで1試合に入る得点の数

サッカーなどは過去の記録を調べれば最多得点を調べることはできるが，それを上回る得点が入らないというわけではない。

上に挙げたような例を表す上で有効なのが，以下に示すポアソン分布である。

定義 4.10　ポアソン分布

ある定数 λ に対し，確率変数 X の確率関数 $f_X(x)$ が

$$f_X(x) = \frac{\lambda^x e^{-\lambda}}{x!} \qquad (x = 0, 1, 2, \cdots) \tag{4.42}$$

で与えられるとき，X は**ポアソン分布**（Poisson distribution）に従うとい

う。ただし，$\lambda > 0$ である。

実数 λ に対し，e^{λ} のマクローリン展開

$$\sum_{x=0}^{\infty} \frac{\lambda^x}{x!} = e^{\lambda}$$

を利用すると，式 (4.42) の和が 1 になることがわかる。また，ポアソン分布の期待値，分散，積率母関数は

$$E[X] = \lambda, \qquad Var[X] = \lambda, \qquad m_X(x) = \exp[\lambda(e^t - 1)] \qquad (4.43)$$

で表すことができる。

ポアソン分布は希少性を表す分布ともいわれており，偶然性だけでなく比較的まれに発生する事象の発生回数を表すときにも用いられる。この理由は，$B(n,p)$ において，$np = \lambda$（一定）を満たすように $n \to \infty$ にすると，二項分布はポアソン分布に近づくためである。

章　末　問　題

【1】 独立で同一平均の指数分布に従う確率変数の和がガンマ分布に従うことを以下の方法で示せ。

(1) 積率母関数の一意性

(2) 畳み込みと数学的帰納法

【2】 確率変数 X が $(0,1)$ 上の一様分布に従うとき，以下の問いに答えよ。

(1) $V = 1 - X$ の確率分布を示せ。

(2) a, b を非負の定数としたとき，$W = (b-a)X + a$ の確率分布を示せ。ただし，$b > a > 0$ とする。

【3】 あるコンビニエンスストアには ATM が 1 台あり，利用者が入出金などの処理を開始してから終了するまでの時間が平均 30 秒の指数分布に従う。以下の問いに答えよ。

(1) 利用者の処理が 15 秒以上 30 秒以内に終了する確率を求めよ。

(2) ある利用者が処理を開始してからすでに 30 秒経過している。この利用者が後 1 分以内に処理を終える確率を求めよ。

(3) 利用者の 90 パーセント以上が処理を終了するまでの時間を求めよ。

【4】 $X \sim N(3,4)$ のとき，以下の問いに答えよ。

(1) $\Pr\{X \leqq 5\}$ を求めよ。

(2) $\Pr\{|X-3| > 4\}$ を求めよ。

(3) $\Pr\{|X-3| \leqq c\} = 0.95$ のとき，c の値を求めよ。

【5】 二つの確率変数 $X \sim B(n,p)$ と $Y \sim B(m,p)$ が独立のとき，$X+Y$ の確率分布を示せ。

【6】 Excel などを利用して二項分布，負の二項分布，ポアソン分布の確率関数のグラフを作成せよ。また，パラメータを変化させた場合，それぞれの確率分布の形状にどのような違いが生じるか考察せよ。

【7】 ある歯科医院での患者 1 人当りの治療時間 X〔時間〕は，平均 5/7，分散 1/147 のベータ分布に従う。以下の問いに答えよ。

(1) このベータ分布の確率密度関数を示せ。

(2) この歯科医院での治療が 25 分以上 90 分以内に終了する確率を求めよ。

【8】 ある飲食店はペット同伴での入店が可能なため，全体の 70 パーセントの客がペット連れで利用している。以下の問いに答えよ。

(1) ペットを連れていない客が初めて現れるまでにペット同伴の客が 3 組訪れる確率を求めよ。

(2) ペットを連れていない客が 5 組現れるまでにペット同伴で訪れる客が 7 組以上となる確率を求めよ。

(3) ペットを連れていない客が 7 組現れた時点でペット同伴の客が 10 組以上いる。このとき，ペットを連れていない客がこれ以上増えないとき，最終的なペット同伴の客が 20 組以下である確率を求めよ。

【9】 ある大学の先生は，100 人の受講者がいる講義で 6 割が正解できる問題を出題し，30 人の学生を選んで解答させる。選ばれた学生は他人に相談することなく解答する。以下の問いに答えよ。

(1) 選ばれた学生の 6 割以上が正解する確率を求めよ。

(2) 正解する学生数の平均と分散を求めよ。

【10】 $X_n \sim N(0,9)$ $(n=1,\cdots,10)$ であり $i \neq j$ ならば X_i と X_j は独立である。以下の問いに答えよ。

(1) $S = \displaystyle\sum_{n=1}^{10} X_n$ のとき，$\Pr\{S \leqq 10\}$ を求めよ。

(2) $\bar{X} = \dfrac{1}{10}\displaystyle\sum_{n=1}^{10} X_n$ のとき，$\Pr\{\bar{X} \leqq 1.5\}$ を求めよ。

【11】 ある設備を使用して 1 日に 100 個の製品を製造している。製造された製品が良

品か不良品かを判定するために，検査機器を用いて製品のもつある特性を評価（測定）する。測定値 X は区間 $(1,5)$ 上の一様分布に従う。$|X-E[X]|>1/2$ ならば製造された製品を不良品と判定する。1 日の終わりに 100 個の製品の測定を同時に行い，少なくとも 30 個が不良品と判定された場合には，設備そのものの交換が必要と判定する。以下の問いに答えよ。

(1) 製造された 1 個の製品が不良品と判定される確率を求めよ。

(2) すべての製品の検査が終了したとき，設備の交換が必要と判定される確率を求めよ。

(3) 1 日に製造される不良品の個数の期待値と分散を求めよ。

【12】 独立で同一平均の幾何分布に従う確率変数の和が，負の二項分布に従うことを示せ。

【13】 指数分布と幾何分布がそれぞれ無記憶性をもつことを示せ。

【14】 ある機械で製造された製品の重さは平均 100 g，標準偏差 2 g の正規分布に従う。これに対し，運用費用の安い新たな機械で製造すると，製品の重さの平均は 99 g，標準偏差は 1 g の正規分布に従う。この二つの機械で製造された製品の重さの差が 1.5 g 以下となる確率が 0.5 以上なら同一性能の製品をつくる能力があると判断し，新しい機械の導入を決定する。それぞれの機械で製造された製品の重さは互いに独立であるとき，新しい機械を導入すべきであろうか。

【15】 スーパーで販売されているある商品は 1 日平均 42 個，最大で 72 個売れ，一様分布に従うという。以下の問いに答えよ。

(1) この一様分布の確率密度関数を示せ。

(2) 販売個数が 45 個以上 60 個以下である確率を求めよ。

(3) 営業時間内に在庫を確認したところ，少なくとも 10 個は販売されたことがわかった。その日の販売個数が 60 個以上となる確率を求めよ。

【16】 一つの問題に対して正解一つを含んだ選択肢が五つあり，その中から正しいものを選ぶ。設問は全部で十問あり，まったくでたらめに選択肢を選ぶ。以下の問いに答えよ。

(1) 正答率が 80 パーセント以上となる確率を求めよ。

(2) 正解する問題数の平均と分散を求めよ。

【17】 男子学生と女子学生で構成されている高校のクラスで英語の試験を行った。男女別の生徒の点数はいずれも正規分布に従い，女子学生は平均が 70 点で標準偏差が 5 点，男子学生は平均が 60 点で標準偏差が 10 点である。以下の問いに答えよ。

(1) 女子学生と男子学生それぞれ 1 名を無作為に選んだ。このとき，選ばれた女子学生の点数が男子学生よりも 15 点以上高い確率を求めよ。

(2) 男子学生 3 人と女子学生 2 人を無作為に選び，選ばれた男女の学生の平均点を比較する。男子学生の平均点が女子学生よりも高い確率を求めよ。

【18】 あるスーパーの総菜コーナーでは閉店間際のタイムセールの時間帯に惣菜の詰合せを販売している。タイムセールの時間帯に訪れる客の数は平均 50 人のポアソン分布に従う。先着 10 名は詰合せが 300 円，その後の 20 名は 500 円で，それ以降は 600 円になる。ある日のタイムセールでの客数が最大でも 50 人である。このときの売上げの期待値を求めよ。

5 2次元確率分布

これまでは，根元事象 ω が生起することで一つの確率変数 X の値が定まるという状況を考えてきた。このとき，確率的な現象の中には複数の確率変数が観測されることもある。

本章では，特に根元事象 ω の生起によって同時に二つの確率変数 $X(\omega)$, $Y(\omega)$ が観測される状況を想定した2次元確率分布について説明する。1次元確率分布に関する自然な拡張となっている部分もあるが，2次元となることで新たな定義が必要となる他，1次元にはない性質も現れるため，1次元よりも複雑で内容的にも難しい。特に後述する連続型確率分布では重積分の理解が必要になってくる。

5.1　2次元確率分布の基礎

5.1.1　同　時　分　布

箱の中に赤が6個と白が4個の計10個のボールが入っており，そこからボールを2個取り出し，ボールの色を確認する。仮にボールを1個取り出して元に戻してから再び取り出す（復元抽出）とすると，$i = 1, 2$ とした

$$\omega_i^r : i \text{ 個目のボールの色が赤}, \qquad \omega_i^w : i \text{ 個目のボールの色が白}$$

が根元事象となり，これらを用いて

$$\Omega_1 = \{\omega_1^r, \omega_1^w\}, \qquad \Omega_2 = \{\omega_2^r, \omega_2^w\}$$

という二つの標本空間をつくることができる。ボールを元に戻しているため，

$\Omega_1 = \Omega_2$ であり，回数で区別する必要はない。よって，$\omega^r = \omega_i^r$ としてよい。このとき

$$X(\omega_1^r) = 1, \qquad X(\omega_1^w) = 0, \qquad Y(\omega_2^r) = 1, \qquad Y(\omega_2^w) = 0$$

という確率変数を考えると

$$\Pr\{X(\omega^c) = j\} = \Pr\{Y(\omega^c) = j\}$$

が成り立つ。ただし，$c = r$ または w である。

これに対し，取り出したボールを元に戻さないでつぎのボールを取り出す（非復元抽出）場合，1 個目のボールの色によって 2 個目のボールを取り出す直前のボールの色の数が 1 個目の場合と異なる。よって，$\Pr\{Y(\omega^c) = j\}$ は 1 個目の結果をまったく無視していることになるため，先ほどの復元抽出の場合のように標本空間を考えるのは少々都合が悪い。そこで $c_i = r, w$ として根元事象を

$$\omega_{c_1,c_2} : 1 \text{ 個目のボールの色が } c_1 \text{ で } 2 \text{ 個目が } c_2 \text{ である}$$

のように表し，標本空間を

$$\Omega = \{\omega_{c_1,c_2} : c_1 = r \,\mathrm{or}\, w,\ c_2 = r \,\mathrm{or}\, w\}$$

として

$$X(\omega_{r,c_2}) = 1, \qquad X(\omega_{w,c_2}) = 0, \qquad Y(\omega_{c_1,r}) = 1, \qquad Y(\omega_{c_1,w}) = 0$$

という確率変数を考えると，2 個目のボールの色は 1 個目の結果の影響を受けていることを表すことができる。これはある根元事象の生起によって二つの確率変数が観測されていることになる。

このように根元事象が生起することにより複数の観測結果が得られる場合，1 次元確率分布を複数用いるのではなく，観測される値の数と同じ次元の確率分布を考えたほうがよい。

そこで，以下のような定義を導入する。

定義 5.1　同時分布

任意の実数 $a_1,\ a_2,\ b_1,\ b_2$ に対し

$$\Pr\{(a_1 < X(\omega) \leqq b_1) \cap (a_2 < Y(\omega) \leqq b_2)\} \tag{5.1}$$

を (X, Y) の**同時確率分布**または**結合確率分布**（joint probability distribution）と呼ぶ。

今後は $\cap$ の代わりにカンマを使用する。定義 5.1 はある根元事象 ω が生起することによって $X(\omega)$ と $Y(\omega)$ が定まることを表している。

また

$$F_{X,Y}(x, y) = \Pr\{X \leqq x, Y \leqq y\} \tag{5.2}$$

で表される関数を (X, Y) の**同時分布関数**（joint distribution function）という。そして

$$F_X(x) = F_{X,Y}(x, \infty) = \Pr\{X \leqq x\} \tag{5.3}$$

$$F_Y(y) = F_{X,Y}(\infty, y) = \Pr\{Y \leqq y\} \tag{5.4}$$

を X（または Y）の**周辺分布関数**（mariginal distribution function）という。周辺分布関数はこれまで学んだ 1 次元確率分布とまったく同じものと解釈してよい。

このように 2 次元確率分布は 1 次元の場合よりも多くの専門用語が登場するだけでなく，数学的な意味でも取扱いや解釈が難しくなる。特に確率を計算する場合でも，分布関数を使用する場面では少々面倒になる。例えば $P\{a_1 < X \leqq b_1, a_2 < Y \leqq b_2\}$ を分布関数から計算する場合

$$\begin{aligned}
&\Pr\{a_1 < X \leqq b_1,\ a_2 < Y \leqq b_2\} \\
&= \Pr\{a_1 < X \leqq b_1,\ Y \leqq b_2\} - \Pr\{a_1 < X \leqq b_1,\ Y \leqq a_2\} \\
&= \Pr\{X \leqq b_1,\ Y \leqq b_2\} - \Pr\{X \leqq a_1,\ Y \leqq b_2\}
\end{aligned}$$

$$-(\Pr\{X \leqq b_1,\ Y \leqq a_2\} + \Pr\{X \leqq a_1,\ Y \leqq a_2\})$$
$$= F_{X,Y}(b_1, b_2) - F_{X,Y}(a_1, b_2) - F_{X,Y}(b_1, a_2) + F_{X,Y}(a_1, a_2) \quad (5.5)$$

という式から求める必要がある。実は上のような式を用いる以前に同時分布関数自体の表現が複雑になることが多い。また，そもそも式 (5.5) が確率である以上非負となる必要があるが，この式からだけではそれがまったくわからない。これらの点については後ほど順を追って説明する。

同時分布関数は以下のような性質をもつ。

(1) 任意の実数 x, y に対し

$$F_{X,Y}(x, -\infty) = F_{X,Y}(-\infty, y) = 0, \qquad F_{X,Y}(\infty, \infty) = 1$$

が成り立つ。

(2) $x_1 < x_2$，$y_1 < y_2$ を満たす任意の実数 x_1, x_2, y_1, y_2 に対して

$$F_{X,Y}(x_2, y_2) - F_{X,Y}(x_1, y_2) - F_{X,Y}(x_2, y_1) + F_{X,Y}(x_1, y_1) \geqq 0$$

を満たす。

(3) 任意の実数 x, y および非負の実数 h に対して

$$\lim_{h \to 0} F_{X,Y}(x, y + h) = \lim_{h \to 0} F_{X,Y}(x + h, y) = F_{X,Y}(x, y)$$

である。

(1) は 1 次元の場合の自然な拡張と思われるが，0 となる場合は一方が $-\infty$ であればよいのに対して，1 になるには両方 ∞ となっている必要がある点に注意が必要である。全事象や空事象の意味を踏まえて上記の式を見直すと，理解しやすいはずである。(2) は 1 次元の場合にも考えた分布関数が単調非減少となる性質の 2 次元版のような意味である。ちなみに文字を置き換えると式 (5.5) と一致するため，これにより分布関数から確率を求めても問題ないことがわかる。(3) は右連続であることを表しており，2 次元になったことに伴い式が長くなっている。

5.1.2　2次元離散型確率分布

確率変数 X, Y がどちらも自然数と対応可能である場合は**2次元離散型確率分布**（two dimensional discrete probability distribution）が必要になる。2次元離散型確率分布が適用される具体例としては，以下のようなものを考えることができる。

(1)　1日に来店する男性客と女性客の数

(2)　新幹線駅の売店で売れるお弁当と飲料の数

(3)　大小二つのサイコロを同時に投げたときのサイコロの目

(1) は男性客の多い店に女性は入りにくいという印象をもつのではないだろうか。そうすると男性客が多いほど女性客は少なくなるということも考えられるため，両者の数が完全に無関係とはいい切れず，同時に考える必要がありそうである。(2) は新幹線で移動時にお弁当を購入する場合，一緒にお茶などの飲み物を購入することが多いため，明らかに二つの数は関係がありそうである。

2次元離散型確率分布を考える場合も1次元と同様に確率関数が重要になる。x, y をいずれも整数として

$$p_{X,Y}(x, y) = \Pr\{X = x, Y = y\} \tag{5.6}$$

で表される2次元の関数 $p_{X,Y}(x, y)$ を (X, Y) の**同時確率（質量）関数**（joint probability mass function）という。すでに述べたように，離散型分布で確率を計算する場合は，同時分布関数ではなく同時確率関数を使用することが一般的である。同時確率関数から得られる値も確率を表すため，$p_{X,Y}(x, y)$ が同時確率関数であるためには

$$\sum_{x=-\infty}^{\infty} \sum_{y=-\infty}^{\infty} p_{X,Y}(x, y) = 1 \tag{5.7}$$

を満たす必要がある。1次元とは異なるため

$$\sum_{x=-\infty}^{\infty} p_{X,Y}(x, b) \neq 1$$

となる有限な実数が必ず存在することになる。また，確率である以上任意の実数 x, y に対し

$$0 \leqq p_{X,Y}(x, y) \leqq 1 \tag{5.8}$$

である。

ここまではおおむね 1 次元の話のつづきのような内容だが，以下のように 2 次元ならではの考え方もある。

$$\begin{aligned} p_X(x) &= \sum_{y=-\infty}^{\infty} p_{X,Y}(x, y) \\ &= \Pr\{X = x,\ -\infty < Y < \infty\} = \Pr\{X = x\} \end{aligned} \tag{5.9}$$

$$\begin{aligned} p_Y(y) &= \sum_{x=-\infty}^{\infty} p_{X,Y}(x, y) \\ &= \Pr\{-\infty < X < \infty,\ Y = y\} = \Pr\{Y = y\} \end{aligned} \tag{5.10}$$

で表される $p_X(x)$（または $p_Y(y)$）を X（または Y）の**周辺確率関数**（marginal probability mass function）という。周辺確率関数は 1 次元の確率関数とまったく同じものと解釈してよい。これらがどのように用いられるかは，後述する条件付き確率や独立性にふれる際に詳しく説明する。

さらに X と Y の周辺分布関数 $F_X(x)$, $F_Y(y)$ と周辺確率関数との間には

$$F_X(x) = \sum_{a=-\infty}^{x} p_X(a) = \sum_{a=-\infty}^{x} \sum_{y=-\infty}^{\infty} p_{X,Y}(a, y) \tag{5.11}$$

$$= F_{X,Y}(x, \infty) = \lim_{y \to \infty} F_{X,Y}(x, y) \tag{5.12}$$

$$F_Y(y) = \sum_{b=-\infty}^{x} p_Y(b) = \sum_{b=-\infty}^{y} \sum_{x=-\infty}^{\infty} p_{X,Y}(x, b) \tag{5.13}$$

$$= F_{X,Y}(\infty, y) = \lim_{x \to \infty} F_{X,Y}(x, y) \tag{5.14}$$

という関係がある。$F_X(x) = \Pr\{X \leqq x, -\infty < Y \leqq \infty\}$ を表すため，X の周辺分布関数の意味は，Y の値はなんでもよいが X が x 以下である確率と解釈できる。Y についても同様である。しかし，確率や後述する期待値を計算する際に周辺分布関数を用いることはあまりない。これは式 (5.5) からわかるよ

うに，そもそも同時分布関数を用いた場合の確率の計算が面倒なため，確率関数を直接用いたほうが一般的に計算しやすいことがその大きな理由である。

5.1.3　2次元連続型確率分布

確率変数 X, Y がどちらも実数である場合は，**2次元連続型確率分布**（two dimensional continuous probability distribution）が必要になる。2次元連続型確率分布が適用される具体例としては，以下のようなものが考えられる。

(1)　1日の最高気温と降雨量

(2)　並んで設置されているATMが故障するまでの時間

(1)は，例えば雨が降ると気温が下がるため，最高気温が高いということは降雨量も少ないと考えられる。また，雲が多くて太陽が隠れてしまうと気温も下がり，仮にそれが雨雲であれば最高気温が低いときは降雨量が多くなりそうである。(2)は別々に運用されているので独立と見なすべきとも思えるが，仮に1台が早く故障して使用不可能となると，稼働しているもう1台のATM利用者が増えて大きな負荷がかかり，2台とも稼働している場合よりも早く故障することも考えられる。逆に，1台故障するまでの時間が長ければ負荷が分散されるため，もう1台の故障するまでの時間は長くなるかもしれない。以上のように考えると，上記の現象はいずれも二つの観測対象が必ずしも無関係とはいい切れないため，別々（独立）ではなく2次元確率分布で考えたほうがよいだろう。後述するが，2次元確率分布は独立な場合も含めて考えることができるため，本当に独立かどうかにこだわらなくてもあまり大きな問題にはならない。

2次元連続型確率分布を考える上でも，1次元の場合と同様に確率密度関数が重要になる。式(5.2)で定義した同時分布関数を

$$F_{X,Y}(x,y) = \int_{-\infty}^{x}\int_{-\infty}^{y} f_{X,Y}(s,t)dsdt \tag{5.15}$$

で表すことができるとき，関数 $f_{X,Y}(x,y)$ を (X,Y) の**同時確率密度関数**（joint probability density function）という。

同時確率密度関数は以下の性質を満たす。

(1)　任意の実数 x, y に対して

$$f_{X,Y}(x,y) \geqq 0$$

である。

(2)
$$\int_{-\infty}^{\infty}\int_{-\infty}^{\infty} f_{X,Y}(x,y)dxdy = 1$$

を満たす。

(3)
$$\frac{\partial^2}{\partial x \partial y} F_{X,Y}(x,y) = f_{X,Y}(x,y)$$

を満たす。

1次元の場合と同様に，同時確率密度関数自体は確率を表しているわけではなく「(x, y) 近辺の値の出やすさ」である。このため (1) のように少なくとも非負である必要はあるが，1 を越えてもまったくおかしくない。しかし，式 (5.15) からわかるように，同時確率密度関数から確率を求めることができる以上，確率と関係した関数である性質をもつ必要がある。これに相当するのが (2) ということになる。(3) は式 (5.15) から容易にわかると思うが，厳密には $f_{X,Y}(x,y)$ が連続である点上でしか成り立たない。しかし，同時分布関数から同時密度関数を求める必要が生じることはきわめてまれなので，あまり使うことがない性質である。

1次元と同じなのはある一点をとる確率がゼロになることである。これは

$$\begin{aligned} \Pr\{X=a, Y=b\} &= \lim_{\Delta a \to 0}\lim_{\Delta b \to 0} \Pr\{a < X \leqq a+\Delta a, b < Y \leqq b+\Delta b\} \\ &= \lim_{\Delta a \to 0}\lim_{\Delta b \to 0} \int_a^{a+\Delta a}\int_b^{b+\Delta b} f_{X,Y}(x,y)dxdy = 0 \end{aligned} \tag{5.16}$$

よりわかる。

また

$$f_X(x) = \int_{-\infty}^{\infty} f_{X,Y}(x,y)dy, \qquad f_Y(y) = \int_{-\infty}^{\infty} f_{X,Y}(x,y)dx \quad (5.17)$$

で表される $f_X(x)$（または $f_Y(y)$）を X（または Y）の**周辺確率密度関数**（mariginal probability density function）という。周辺確率密度関数は1次元確率密度関数とまったく同じものであり，確率を計算する際に用いることもできるが，これが2次元確率分布で特に重要になるのは，5.2節で説明する条件付き確率と独立性を考える場合である。

離散型の場合と同様に連続型確率変数に対しても，以下のような関係をもつ周辺分布関数 $F_X(x)$, $F_Y(y)$ を考えることができる。

$$F_X(x) = \int_{-\infty}^{x} f_X(s)\,ds = \int_{-\infty}^{x}\int_{-\infty}^{\infty} f_{X,Y}(s,y)dyds \quad (5.18)$$

$$= F_{X,Y}(x,\infty) = \lim_{y\to\infty} F_{X,Y}(x,y) \quad (5.19)$$

$$F_Y(y) = \int_{-\infty}^{y} f_Y(t)\,dt = \int_{-\infty}^{y}\int_{-\infty}^{\infty} f_{X,Y}(x,t)dxdt \quad (5.20)$$

$$= F_{X,Y}(\infty,y) = \lim_{x\to\infty} F_{X,Y}(x,y) \quad (5.21)$$

周辺分布関数の意味や，同時分布関数を使用したほうが確率の計算が複雑になる理由は，離散型と同じである。

5.2　独立性と条件付き分布

具体例として挙げたような現象からは，2次元確率分布では二つの確率変数の間になんらかの関係がある，すなわち独立でないことが前提のように見えるかもしれないが，あくまでも同時に二つの確率変数の値が定まるというだけで，実際に独立かどうかは同時分布を見ただけではわからない。そのような場合に，周辺分布を利用することが必要になってくる。

定義 5.2　独　立　性

すべての x, y に対し

$$p_{X,Y}(x,y) = p_X(x)p_Y(y) \qquad (離散型) \tag{5.22}$$

$$f_{X,Y}(x,y) = f_X(x)f_Y(y) \qquad (連続型) \tag{5.23}$$

が成り立つとき，確率変数 X と Y は互いに独立であるという。

重要なのはすべての x, y に対して定義 5.2 が成り立つことであり，別のいい方をすると，いくつかの点や範囲で上式が成り立っても独立とはいわない。

つぎに，2 次元確率分布における条件付き分布を考える。以下のように定義されている。

定義 5.3　条件付き確率関数

(X, Y) の同時確率関数 $p_{X,Y}(x,y)$ と Y の周辺確率関数 $p_Y(y)$ を用いて表される

$$p_{X|Y}(x|y) = \frac{p_{X,Y}(x,y)}{p_Y(y)} \tag{5.24}$$

を，$Y = y$ が与えられているという条件の下での X の**条件付き確率関数**（conditional probability mass function）という。

また，(X, Y) の同時確率密度関数 $f_{X,Y}(x,y)$ と Y の周辺確率密度関数 $f_Y(y)$ を用いて表される

$$f_{X|Y}(x|y) = \frac{f_{X,Y}(x,y)}{f_Y(y)} \tag{5.25}$$

を，$Y = y$ が与えられているという条件の下での X の**条件付き確率密度関数**（conditional probability density function）という。

式 (5.24) で表される条件付き確率関数は $\Pr\{X = x|Y = y\}$ という条件付き確率を表すことになる。一方，式 (5.25) は確率密度関数なのでこれ自体は確率ではない。これを用いて確率を求めるということは，例えば a, b, c を定数として

$$\Pr\{a \leqq X \leqq b \,|\, Y = c\} = \int_a^b f_{X|Y}(x|c)dx = \frac{1}{f_Y(c)}\int_a^b f_{X,Y}(x,c)dx \tag{5.26}$$

を計算することである。

しかし，連続型分布の性質を考えた場合，式 (5.26) をそのまま条件付き確率と見なすのは少し問題がある。連続型分布ではある一つの値をとる確率はゼロ，すなわち $\Pr\{Y = c\} = 0$ になることはすでに述べた。このため，条件付き確率を式 (5.26) のように表してしまうとこれまでの定義と矛盾が生じてしまう。そこで，任意の正の実数を h とし

$$\Pr\{a \leqq X \leqq b \mid Y = c\} = \lim_{h\to 0} \Pr\{a \leqq X \leqq b \mid c \leqq Y < c + h\} \tag{5.27}$$

を，$Y = c$ が与えられたという条件の下での X の条件付き確率と解釈する。条件部分を大雑把に解釈すると，Y がだいたい c 付近の値をとるということである。よって，ちょうど c に一致するという意味ではないと理解したほうがよい。

式 (5.27) で条件付き確率を定義すると

$$\begin{aligned}\Pr\{a \leqq X \leqq b \mid Y = c\} &= \lim_{h\to 0} \Pr\{a \leqq X \leqq b \mid c \leqq Y < c + h\} \\ &= \lim_{h\to 0} \frac{\Pr\{a \leqq X \leqq b,\ c \leqq Y < c + h\}}{\Pr\{c \leqq Y < c + h\}} \\ &\approx \frac{\displaystyle\int_a^b f_{X,Y}(x, c) h dx}{f_Y(c) h} \\ &= \frac{1}{f_Y(c)} \int_a^b f_{X,Y}(x, c) dx \end{aligned} \tag{5.28}$$

となり，式 (5.26) と一致することがわかる。

なお，2 次元確率分布の場合は定数 a, b, c, d に対し $\Pr\{a \leqq X \leqq b \mid c \leqq Y \leqq d\}$ で条件付き確率を考えることもある。この場合，条件付き確率の定義より

$$\Pr\{a \leqq X \leqq b \mid c \leqq Y \leqq d\} = \frac{\Pr\{a \leqq X \leqq b,\ c \leqq Y \leqq d\}}{\Pr\{c \leqq Y \leqq d\}}$$

であるから

$$\Pr\{a \leqq X \leqq b \,|\, c \leqq Y \leqq d\} = \begin{cases} \dfrac{\sum_{x=a}^{b} \sum_{y=c}^{d} p_{X,Y}(x,y)}{\sum_{x=-\infty}^{\infty} \sum_{y=c}^{d} p_{X,Y}(x,y)} & (\text{離散型}) \\ \dfrac{\int_a^b \int_c^d f_{X,Y}(x,y) dy dx}{\int_{-\infty}^{\infty} \int_c^d f_{X,Y}(x,y) dy dx} & (\text{連続型}) \end{cases} \tag{5.29}$$

を用いて条件付き確率を求めることになる。

5.3　2 次元確率分布とさまざまな特性値

5.3.1　積 率 母 関 数

1 次元確率分布と同様に 2 次元確率分布でも期待値を考えることができる。1 次元確率分布での期待値は無条件で 1 次積率を表すが，2 次元確率分布の場合はそのような一般的な定義は存在しない。このため，通常は関数 $h(x,y)$ を与えた上で

$$E[h(X,Y)] = \begin{cases} \displaystyle\sum_{x=-\infty}^{\infty} \sum_{y=-\infty}^{\infty} h(x,y) p_{X,Y}(x,y) & (\text{離散型}) \\ \displaystyle\int_{-\infty}^{\infty} \int_{-\infty}^{\infty} h(x,y) f_{X,Y}(x,y)\, dx dy & (\text{連続型}) \end{cases} \tag{5.30}$$

により 2 次元確率分布の期待値を考える。

特に $h(x,y) = e^{sx+ty}$ とした以下の関数

$$m_{X,Y}(s,t) = E\left[e^{sX+tY}\right] \tag{5.31}$$

を 2 次元確率分布の**同時積率母関数**（joint moment generating function）という。$m_{X,Y}(s,t) < \infty$ を満たす (s,t) の範囲が同時積率母関数 $m_{X,Y}(s,t)$ の定義域となる。

1 次元確率分布の場合の積率母関数と類似の性質をもつため，n, m, k を $n = m + k$ を満たす整数とすると

$$\left.\frac{\partial^n}{\partial s^m \partial t^k} m_{X,Y}(s,t)\right|_{s=0,t=0} = E\left[X^m Y^k\right] \tag{5.32}$$

という関係が成り立つ。

(X,Y) の同時確率分布を考えているとき，その和 $Z = X + Y$ の分布に興味があるが，確率関数や確率密度関数の導出が容易に出ない場合は，代わりに同時積率母関数を用いるとよい。このとき，以下の定理が役に立つ。

定理 5.1　確率変数 X, Y の同時積率母関数が $m_{X,Y}(s,t)$ で与えられており，a と b を定数として X と Y から構築した確率変数 $Z = aX + bY$ の積率母関数 $m_Z(t)$ は $m_{X,Y}(at, bt)$ と一致する。

証明　確率変数 Z の積率母関数を考えればよいので，

$$\begin{aligned} m_Z(t) &= m_{aX+bY}(t) = E\left[e^{(aX+bY)t}\right] = E\left[e^{(at)X+(bt)Y}\right] \\ &= m_{X,Y}(at, bt) \end{aligned} \tag{5.33}$$

が成り立つ。　□

5.3.2　条件付き期待値

5.2 節で条件付きの確率密度関数や確率関数を定義したので，これらを用いた期待値を考えることができる。$X = x$ が与えられているという条件下での Y の期待値 $E[Y|X=x]$ を**条件付き期待値**（conditional expectation）と呼ぶ。これは

$$E[Y|X=x] = \begin{cases} \displaystyle\sum_{y=-\infty}^{\infty} y \cdot p_{Y|X}(y|x) = \sum_{y=-\infty}^{\infty} y \frac{p_{X,Y}(x,y)}{p_X(x)} & \text{(離散型)} \\ \displaystyle\int_{-\infty}^{\infty} y \cdot f_{Y|X}(y|x)\, dy = \int_{-\infty}^{\infty} y \frac{f_{X,Y}(x,y)}{f_X(x)}\, dy & \text{(連続型)} \end{cases} \tag{5.34}$$

という式を用いて計算することができる。式 (5.34) で与えられる条件付き期待値は，$p_X(x) \neq 0$，$f_X(x) \neq 0$ の場合のみ定義される。

x に具体的な値を設定すれば，式 (5.34) を用いて条件付き期待値の値が定まる。これに対し，x を未知数としておくと，$E[Y|X=x]$ は x の関数となる。これを以下の例で確認する。

例 5.1　2次元連続型確率変数 (X,Y) の同時確率密度関数 $f_{X,Y}(x,y)$ が

$$f_{X,Y}(x,y) = \begin{cases} x+y & (0 \leqq x \leqq 1,\ 0 \leqq y \leqq 1) \\ 0 & (\text{otherwise}) \end{cases}$$

で与えられているとき，条件付き期待値 $E[Y|X=x]$ を求めてみる。条件付き期待値を求めるには条件付き確率密度関数が必要であり，これにはまず X の周辺確率密度関数 $f_X(x)$ を求めることになる。ここで

$$f_X(x) = \int_0^1 (x+y)\,dy = x + \frac{1}{2}$$

なので

$$E[Y|X=x] = \int_0^1 y\frac{x+y}{x+1/2}\,dy = \frac{3x+2}{3(2x+1)}$$

となる。

例のように条件として未知数を考えると条件付き期待値は条件部分の関数になる。これは，Y よりも先に確率変数 X がなんらかの値 x をとることがわかっていることを前提としたときの Y の期待値，と解釈することができる。したがって，条件付き期待値自体は確率変数ではない。これに対し，Y よりも先に X が観測されることはわかっているが，まだ X のほうも具体的にどんな値をとるかわからないという状況を想定した Y の条件付き期待値 $E[Y|X]$ を考えることもできる。条件部分も確率変数と見なしたほうがよい。この条件付き期待値 $E[Y|X]$ は確率変数となり，値が一つに定まらないことになる。

そこで $E[Y|X]$ を確率変数として期待値を考えてみる。$E[Y|X]$ は Y についての期待値を計算しているため，確率変数 X の関数になっていることにな

る。これは $h(x) = E[Y|X = x]$ として関数 $h(x)$ の期待値 $E[h(X)]$ を考えているのと同じ意味になるので

$$\begin{aligned}E[E[Y|X]] &= E[h(X)] = \int_{-\infty}^{\infty} h(x) f_X(x)\,dx \\ &= \int_{-\infty}^{\infty} \left\{ \int_{-\infty}^{\infty} y \frac{f_{X,Y}(x,y)}{f_X(x)}\,dy \right\} f_X(x)\,dx \\ &= \int_{-\infty}^{\infty} y \int_{-\infty}^{\infty} f_{X,Y}(x,y)\,dx\,dy \\ &= \int_{-\infty}^{\infty} y f_Y(y)\,dy = E[Y] \end{aligned} \tag{5.35}$$

となり，結果として Y の期待値に一致することがわかる。なお，上の1行目から2行目の式変形は式 (5.34) に基づいている。特に X と Y が独立な場合は

$$E[Y|X] = E[Y] \tag{5.36}$$

となり，条件部分の影響を受けない。これは X と Y を入れ替えても同じである。

条件付き期待値と同様に条件付き分散を考えることもできる。$X = x$ が与えられているという条件の下での Y の**条件付き分散**（conditional variance）$Var[Y|X = x]$ は分散の定義に基づくと

$$Var[Y|X = x] = E[\{Y - E[Y|X = x]\}^2|X = x] \tag{5.37}$$

となる。条件部分を確率変数とした $Var[Y|X]$ は確率変数 X の関数となり，条件付き分散自体も確率変数となる。分散の

$$Var[Y] = E[(Y - E[Y])^2] = E[Y^2] - (E[Y])^2$$

という関係は条件付きの場合でも成立するので

$$Var[Y|X] = E[(Y - E[Y|X])^2|X] = E[Y^2|X] - (E[Y|X])^2 \tag{5.38}$$

という関係が得られる。$Var[Y|X]$ は確率変数なので上式の両辺の期待値を考えると

$$E[Var[Y|X]] = E[E[Y^2|X]] - E[(E[Y|X])^2]$$
$$= E[Y^2] - E[(E[Y|X])^2] \quad (5.39)$$

であり

$$Var[E[Y|X]] = E[(E[Y|X])^2] - (E[E[Y|X]])^2$$
$$= E[(E[Y|X])^2] - (E[Y])^2 \quad (5.40)$$

を用いると

$$E[Var[Y|X]] + Var[E[Y|X]] = E[Y^2] - (E[Y])^2 = Var[Y]$$

が得られる。よって

$$Var[Y] = E[Var[Y|X]] + Var[E[Y|X]] \quad (5.41)$$

という関係が成り立つ。

5.3.3　共分散と相関係数

二つの確率変数を想定する場合には同時分布を考えることができるが，これら二つの間の関係性の強さのようなものを知りたいこともある。例えば，身長と体重の間に因果関係はあるのか，あるいは二輪車の前輪が壊れやすいのであれば後輪のほうも壊れやすいのか，といった場合になんらかの知見を得られると都合がよい。特にこのような関係性を数値化できると客観的な評価や判断を下すことが可能になる。このような場合に用いられる尺度が共分散と相関係数である。

定義 5.4　二つの確率変数 X, Y に対し

$$Cov[X,Y] = E[(X - E[X])(Y - E[Y])] \quad (5.42)$$

を**共分散**（covariance）と呼び

$$\rho[X,Y]=\frac{Cov[X,Y]}{SD[X]SD[Y]} \tag{5.43}$$

を**相関係数**（correlation coefficient）と呼ぶ。

同時確率分布が与えられれば，定義 5.4 より共分散や相関係数を求めることができる。特に共分散は上の定義式から計算するのではなく，通常は

$$Cov[X,Y]=E[XY]-E[X]E[Y] \tag{5.44}$$

という関係式を用いることが多い。$E[XY]$, $E[X]$, $E[Y]$ は 3.3.3 項と 5.3.1 項で定義した積率母関数 $m_X(t)$, $m_Y(t)$ と同時積率母関数 $m_{X,Y}(s,t)$ より

$$E[XY]=\left.\frac{\partial^2}{\partial s\partial t}m_{X,Y}(s,t)\right|_{s=0,t=0}$$
$$E[X]=\left.\frac{\partial}{\partial s}m_{X,Y}(s,t)\right|_{s=0,t=0}=\left.\frac{d}{dt}m_X(t)\right|_{t=0}$$
$$E[Y]=\left.\frac{\partial}{\partial t}m_{X,Y}(s,t)\right|_{s=0,t=0}=\left.\frac{d}{dt}m_Y(t)\right|_{t=0}$$

という関係を利用できる。

共分散と相関係数にはいくつかのよく知られた性質がある。これらは以下のようにまとめることができる。

命題 5.1

(1) X と Y が独立ならば $Cov[X,Y]=0$，$\rho[X,Y]=0$ である。

(2) $-1\leqq\rho[X,Y]\leqq 1$ である。

(3) a, b, c, d を定数としたとき，a と c が非負ならば

$$\rho[aX+b,cY+d]=\rho[X,Y]$$

が成り立つ。

(4) a, b を定数として X と Y の間に $Y=aX+b$ という線形関係があるとき，$SD[X]<\infty$ ならば $a>0$ のとき $\rho[X,Y]=1$，$a<0$ のとき $\rho[X,Y]=-1$ となる。

(5)　a, b, c を定数としたとき

$$Var[aX+bY+c] = a^2Var[X]+b^2Var[Y]+2abCov[X,Y]$$

が成り立つ。

命題 5.1 は特に統計学やデータ解析で重要になる。(1) は二つの変数の間の関係の有無を測ることができ，ゼロであれば相関がないことを意味している。(3) は観測値のスケールを変えても相関係数が変わらないことを意味する。例えば，先ほど例に挙げた身長と体重を考えた場合，身長の単位がセンチメートルであろうがメートルであろうが，そして，体重の単位がキログラムでもトンでも相関係数の値は変わらないということになる。一方，相関係数の元になっている共分散はこのような性質をもたない。これらを直接用いるということではないが，この事実を知っておくことは重要である。(4) は (2) と一緒に見るとよく理解でき，二変数間の線形関係を測る上で相関係数が有効であることを表している。そして，(5) から二つの変数が独立でない場合の和の分散は，それぞれの分散だけでなく共分散を考える必要があることがわかる。

5.4　確率変数の関数の分布

3 章で，1 次元確率分布をもつ二つの独立な確率変数の関数や，その四則演算の分布がどのように表されるかを学んだ。2 次元確率分布も同じようにこれらの分布を導くことができる。ただし，2 次元となっているため，特に連続型確率分布の場合の一般的な議論には，二重積分など 1 次元では現れない数学の理解が必要になることがある。以下では連続型に限定して説明していく。

いま，(X, Y) が同時確率密度関数 $f_{X,Y}(x, y)$ に従っているとき

$$U = \tilde{\phi}(X, Y), \qquad V = \tilde{\psi}(X, Y) \tag{5.45}$$

という関係をもつ確率変数 U, V を考える。U と V が与えられていると見なすと X と Y に関する連立方程式になるため，改めて

$$X = \phi(U, V), \qquad Y = \psi(U, V)$$

と書き直すことができる。これらを (X, Y) の同時密度関数に代入することで $f_{X,Y}(\phi(u, v), \psi(u, v))$ が得られるが，これは (U, V) の同時確率密度関数にはならない。この場合

$$J(u, v) = \begin{vmatrix} \dfrac{\partial\phi(u, v)}{\partial u} & \dfrac{\partial\psi(u, v)}{\partial u} \\ \dfrac{\partial\phi(u, v)}{\partial v} & \dfrac{\partial\psi(u, v)}{\partial v} \end{vmatrix}$$

で表される行列式（ヤコビアン）を用いた

$$g_{U,V}(u, v) = f_{X,Y}\left(\phi(u, v), \psi(u, v)\right)|J(u, v)| \tag{5.46}$$

が (U, V) の同時確率密度関数となる。

式 (5.46) を用いれば 2 次元確率分布の関数の分布を得ることができるが，ここで $\tilde{\phi}, \tilde{\psi}$ から ϕ, ψ をうまく求めることができないと，式 (5.46) を具体的に計算できない。しかし，単なる四則演算であれば以下のように簡単な式になる。

まず確率変数の和 $U = X+Y$ の分布は $x = u-v = \phi(u, v)$, $y = v = \psi(u, v)$ とすると $J(u, v) = 1$ なので

$$f_U(u) = \int_{-\infty}^{\infty} f_{X,Y}(\phi(u, v), \psi(u, v))dv = \int_{-\infty}^{\infty} f_{X,Y}(u-y, y)dy \tag{5.47}$$

より U の確率密度関数を求めることができる。同様に差 $S = X - Y$, 積 $T = XY$, 商 $W = X/Y$ の確率密度関数はそれぞれ

$$f_S(s) = \int_{-\infty}^{\infty} f_{X,Y}(s+y, y)\,dy \tag{5.48}$$

$$f_T(t) = \int_{-\infty}^{\infty} f_{X,Y}(t/y, y)|y|^{-1}\,dy \tag{5.49}$$

$$f_W(w) = \int_{-\infty}^{\infty} f_{X,Y}(wy, y)|y|\,dy \tag{5.50}$$

という式で表される。このように二つの確率変数が独立か否かで四則演算の結果の分布は異なる。独立である場合は式 (3.39) から (3.42) のように 1 次元確

率密度関数の積を用いるのに対し，独立でない場合はヤコビアンが必要になる。しかし，「独立」な確率変数は「独立でない」確率変数の特別な場合なので，式 (5.47) から式 (5.50) を用いて 1 次元の場合の結果を得ることができる。

5.5 混　合　分　布

これまで取り上げてきた 2 次元確率分布は，二つの観測値が両方とも連続か離散のどちらかであった。本節では一方が離散，もう一方が連続となるような分布を考えてみる。

いま，X が実数，I が正の整数の値をとるような確率変数とし

$$h_{X,I}(x,i) = p_I(i) f_X(x;\theta_i) \tag{5.51}$$

という関数を考える。このとき，$p_I(i)$ は確率変数 I の周辺確率関数，$f_X(x;\theta_i)$ は確率変数 X の周辺確率密度関数で，確率密度関数のパラメータ θ_i は I の値によって変わるものとする。

$$\sum_{i=1}^{\infty} p_I(i) = 1, \qquad \int_{-\infty}^{\infty} f_X(x;\theta_i)\,dx = 1, \qquad F_X(x) = \int_{-\infty}^{x} f_X(s;\theta_i)\,ds$$

とすると

$$\sum_{i=1}^{\infty} \int_{-\infty}^{\infty} h_{X,I}(x,i)\,dx = 1$$

となるため，式 (5.51) は (X, I) の同時分布と解釈できる。また

$$\Pr\{I=i\} = \int_{-\infty}^{\infty} h_{X,I}(x,i)\,dx = p_I(i) \int_{-\infty}^{\infty} f_X(x;\theta_i)\,dx = p_I(i) \tag{5.52}$$

$$\Pr\{X \leqq x\} = \sum_{i=1}^{\infty} p_I(i) \int_{-\infty}^{x} f_X(s;\theta_i)\,ds = \sum_{i=1}^{\infty} p_I(i) F_X(x;\theta_i) \tag{5.53}$$

となることがわかる。

特に式 (5.53) は $p_I(i)$ の割合で $F_X(x;\theta_i)$ が分布に混ざっていると解釈できるため，このような 2 次元確率分布は**混合分布**と呼ばれている。混合分布は異

なる環境で使用されたアイテムが故障するまでの時間や性質の異なる顧客の購買パターンなど，確率変数 X を生じさせる要因が I 種類存在するときなどに用いられる。

章末問題

【1】 二つの確率変数 X と Y について，$E[X]=-3$，$E[Y]=4$，$Var[X]=25$，$Var[Y]=16$ である。以下の問いに答えよ。

(1) $E[X^2]$ を求めよ。

(2) X と Y が独立のとき，$E[-2XY+6]$ を求めよ。

(3) X と Y が独立のとき，$Var[3X-2Y+1]$ を求めよ。

(4) $E[XY]=4$ のとき，X と Y の相関係数を求めよ。

【2】 (X,Y) の結合確率関数が

$$f_{X,Y}(x,y)=\begin{cases} c|x+y| & (x=-1,\,0,\,1,\,3,\ y=-1,\,0,\,2) \\ 0 & (\text{otherwise}) \end{cases}$$

で与えられている。以下の問いに答えよ。

(1) c を求めよ。

(2) $\Pr\{X=1,Y>1\}$ を求めよ。

【3】 (X,Y) の同時確率密度関数が

$$f_{X,Y}(x,y)=\begin{cases} \dfrac{1-3x^2+2y}{3} & (0\leqq x\leqq 1,\ 1\leqq y\leqq 2) \\ 0 & (\text{otherwise}) \end{cases}$$

で与えられている。以下の問いに答えよ。

(1) $\Pr\left\{0\leqq X<\dfrac{1}{2},\dfrac{3}{2}<Y\leqq 2\right\}$ を求めよ。

(2) $\Pr\left\{Y<\dfrac{3}{2}\right\}$ を求めよ。

(3) $\Pr\left\{X\leqq\dfrac{1}{2}\,\middle|\,Y\geqq\dfrac{3}{2}\right\}$ を求めよ。

(4) X と Y は独立か否か示せ。

【4】 (X,Y) の同時確率密度関数が

$$f_{X,Y}(x,y)=\begin{cases} c\exp[-x]y^2 & (x\geqq 0,\ 0\leqq y\leqq 1) \\ 0 & (\text{otherwise}) \end{cases}$$

で与えられている。以下の問いに答えよ。

(1) 定数 c の値を求めよ。

(2) $\Pr\left\{1 \leqq X < 2, -\dfrac{1}{3} < Y < \dfrac{1}{3}\right\}$ を求めよ。

(3) $\Pr\left\{\ln[2] < X < \ln[3] \,\middle|\, Y < \dfrac{2}{3}\right\}$ を求めよ。

(4) X と Y が独立か否か示せ。

【5】 (X, Y) の同時確率密度関数 $f_{X,Y}(x, y)$ が

$$f_{X,Y}(x,y)=\begin{cases} c\exp[-(2x+3y)] & (0 < 5x < y < \infty) \\ 0 & (\text{otherwise}) \end{cases}$$

で与えられている。以下の問いに答えよ。

(1) 定数 c の値を求めよ。

(2) $\Pr\{Y < 6 \,|\, X = 1\}$ を求めよ。

(3) $E[Y|X = 1]$ を求めよ。

【6】 命題 5.1 が成り立つことを示せ。

【7】 確率変数 (X, Y) の同時確率密度関数 $f_{X,Y}(x, y)$ が

$$f_{X,Y}(x,y) = \begin{cases} cy(y-x) & (|x| \leqq y \leqq 1) \\ 0 & (\text{otherwise}) \end{cases}$$

で与えられている。以下の問いに答えよ。

(1) 定数 c の値を定めよ。

(2) $\Pr\left\{X \geqq \dfrac{1}{4} \,\middle|\, Y = \dfrac{3}{4}\right\}$ を求めよ。

(3) $E[Y^{-1}(Y + X)]$ を求めよ。

(4) X と Y が独立か否か示せ。

【8】 二つの確率変数 X, Y について，$E[X] = 1$，$E[Y] = 2$，$SD[X] = 6$，$SD[Y] = 4$，$\rho[X, Y] = 1/6$ である。$S = X + Y$ と $T = X - 3Y$ として，以下の問いに答えよ。

(1) S と T の分散をそれぞれ求めよ。

(2) S と T の共分散を求めよ。

(3) $W = aS + (1 - a)T$ なる確率変数 W の分散を最小とする a の値を求めよ。

【9】 確率変数 X が平均 α_X/β，Y が平均 α_Y/β の独立なガンマ分布に従う。このとき，$S = X/(X + Y)$ と $T = X + Y$ は独立で，S はベータ分布に従うことを示せ。

【10】 二つの確率変数 X, Y が独立で同一の平均をもつ指数分布に従うとき，$X/(X+Y)$ が一様分布に従うことを示せ。

【11】 (X, Y) の同時確率関数 $p_{X,Y}(x, y)$ が**表 5.1** のように与えられている。以下の問いに答えよ。

(1) $\Pr\{Y = 0\}$ を求めよ。

(2) $\Pr\{X \geqq 2, Y > 0\}$ を求めよ。

(3) $\Pr\{X > 0 \,|\, Y = -1\}$ を求めよ。

(4) X と Y の相関係数を求めよ。

(5) X と Y が独立か否か示せ。

表 5.1　同時確率関数

y		-1	0	1
x	0	1/36	1/12	1/18
	2	1/18	1/9	1/6
	4	1/6	1/18	5/18

【12】 二つの確率変数 X と Y の分散がそれぞれ σ_X^2, σ_Y^2 で与えられている。$0 < \sigma_X^2$, $\sigma_Y^2 < \infty$ のとき，以下の問いに答えよ。

(1) $Cov[X+Y, X-Y]$ を σ_X^2 と σ_Y^2 を用いて表せ。

(2) $\sigma_X^2 = \sigma_Y^2$ であるとき，$X+Y$ と $X-Y$ の間には相関がないことを示せ。

(3) X と Y が独立で $\sigma_X^2 = 3\sigma_Y^2$ という関係があるとき，$X+Y$ と $X-Y$ の間の相関係数の値を求めよ。

【13】 二つの確率変数 X, Y について $Var[X] = 4$，$Var[Y] = 9$，$\rho[X, Y] = -0.5$ であることがわかっている。以下の問いに答えよ。

(1) $Var[X+Y]$ を求めよ。

(2) $Var[X-2Y+3]$ を求めよ。

【14】 あるアイテムのうち 25 パーセントは過酷な条件で使用されている。通常の使用条件下で故障するまでの平均時間が 3 年なのに対し，過酷な条件ではこれが 1/3 になる。故障するまでの時間は条件に関係なく指数分布に従う。以下の問いに答えよ。

(1) 無作為に選んだアイテムの故障時間を X としたとき，X の分布を示せ。

(2) $E[X]$ を求めよ。

(3) 2 年経過した時点で 1 個のアイテムが故障した。このアイテムが過酷な条件で使用されていた確率を求めよ。

【15】 二つの確率変数 X, Y について，期待値と分散，および相関係数が，それぞれ

$$E[X] = 1, \quad Var[X] = 9, \quad \rho[X, Y] = \frac{1}{2}, \quad E[Y] = 3, \quad Var[Y] = 4$$

で与えられている。このとき，以下の問いに答えよ。

(1) 確率変数 W は定数 a を用いて $W = aX + (1 - a)Y$ で表される。W の分散を最小とする a の値を求めよ。

(2) 確率変数 S, T は定数 b を用いて $S = bX + Y$，$T = X + bY$ で表される。S と T の相関係数がゼロとなるような b の値を求めよ。

(3) (2) で求めた b の値の下で S と T は独立といえるか，根拠とともに結論を述べよ。

6 極限定理

確率分布が与えられれば，確率変数の関数がどのような形であっても，理論上はその分布を求めることができることを勉強した。しかし，例えば和の分布を求める場合は畳み込み積分が必要になるなど，実際に分布を導くことが難しいことも少なくない。もし和をとる確率変数の数がどんどん多くなるとどうなるのか。そのような疑問を解決してくれるのがいくつかの極限定理である。本章では，特に代表的かつ重要な大数の法則と中心極限定理について説明する。

6.1 大数の法則

いま，n 個の確率変数 $X_1, \cdots, X_n$ の平均を $\bar{X}_n$ とおくと

$$\bar{X}_n = \frac{1}{n}\sum_{i=1}^{n} X_i \tag{6.1}$$

と表すことができる。$\bar{X}_n$ を標本平均（p.135 参照）という。仮に $E[X_i] = \mu$ $(i = 1, \cdots, n)$ ならば n が十分大きいと $\bar{X}_n$ も μ に近づくと思われる。この直観を理論的に裏づけたのが大数の法則である。

定理 6.1　大数の弱法則

$X_1, \cdots, X_n$ を互いに独立で同一の分布に従い，この分布の平均 μ と分散 σ^2 が存在するような確率変数列とする。このとき，任意の実数 $\varepsilon > 0$ に対し

$$\lim_{n\to\infty} \Pr\left\{|\bar{X}_n - \mu| \leqq \varepsilon\right\} = 1 \tag{6.2}$$

が成り立つ。これを**大数の弱法則**（weak law of large numbers）という。

定理 6.1 はチェビシェフの不等式を用いることで証明できる。

ε はいくらでも小さな値を設定できるので，n が大きくなるほど $\bar{X}_n$ と μ の差が 0 となる確率が 1 に近づくと解釈できる。元々 X_i の平均が μ なのだから，その平均が μ に近づくというのは直感的にも納得できる結果といえるであろう。

これに対し，もう少し強い意味での収束を述べているのが，以下に示す大数の強法則である。

定理 6.2　大数の強法則

$X_1, \cdots, X_n$ を互いに独立で同一の分布に従い，この分布が平均 μ をもつような確率変数列とする。このとき

$$\Pr\left\{\lim_{n\to\infty} \bar{X}_n = \mu\right\} = 1 \tag{6.3}$$

が成り立つ。これを**大数の強法則**（strong law of large numbers）という。

定理 6.1 と定理 6.2 は lim の記号が Pr の中にあるか外にあるかだけの違いだが，意味は大きく異なる。大数の弱法則は，式で書かれているとおり n の増加に伴ってある確率が 1 に近づくというような意味合いで，事象までは言及していないことになる。一方，大数の強法則は

$$\Pr\{[\omega : \lim_{n\to\infty} \bar{X}_n(\omega) = \mu]\} = 1$$

と書くことができる。これはほとんどすべての根元事象 ω に対し，$\bar{X}_n(\omega)$ が μ に近づくという意味になる。

確率に関する数学的な議論のスタート地点は根元事象 ω であり，Pr の記号を使った確率の話は ω の後で決まるようなイメージである。

大数の法則における強弱の違いは本来確率分布の収束と関係しているが，本書ではその辺の詳細は割愛している。興味のある読者はより高度な内容を扱った良書が多数存在しているので，そちらを参照してほしい。そのような文献で詳しく勉強するとわかるが，実は大数の弱法則は分散が存在しない場合（要は $\sigma^2 = \infty$）でも成り立つ。しかし，その場合はチェビシェフの不等式を使えないため証明が難しくなる。これは大数の強法則も同じで，高度な内容を扱った書籍でも強法則の証明にはふれていないことが多い。ただし，ある次数のモーメントが存在すると仮定した場合は一般的なケースに比べて証明が少し簡単になる。

6.2 中心極限定理

大数の法則から標本平均が元の確率分布の平均に近づくことがわかった。しかし，確率を知りたいとなると，やはり確率分布がわからないと話にならない。そのような場合に役に立つのが，以下に示す中心極限定理である。

定理 6.3　中心極限定理

$X_1, \cdots, X_n$ が互いに独立で同一の分布に従い，この分布が平均 μ と分散 σ^2 をもつような確率変数列とする。このとき

$$\lim_{n\to\infty} \Pr\left\{\frac{\sqrt{n}(\bar{X}_n - \mu)}{\sigma} \leq x\right\} = \int_{-\infty}^{x} \frac{1}{\sqrt{2\pi}} \exp\left[-\frac{1}{2}z^2\right] dz \tag{6.4}$$

が成り立つ。これを**中心極限定理**（central limit theorem）という。

詳細は割愛するが，中心極限定理は積率母関数の一意性を用いることで証明できる。

式 (6.4) の左辺は

$$\frac{\sqrt{n}(\bar{X}_n - \mu)}{\sigma} = \frac{\sum_{i=1}^{n} X_i - n\mu}{\sqrt{n}\sigma} = \sum_{i=1}^{n} \left(\frac{X_i - \mu}{\sigma/\sqrt{n}}\right) \bigg/ n$$

という関係が成り立つため，要は確率変数の和の分布を平均 $n\mu$，分散 $n\sigma^2$ の正規分布で近似できることを表している。また同時に，これらの標本平均 $\bar{X}_n$ は正規分布で述べた

$$E[\bar{X}_n] = \mu, \qquad Var[\bar{X}_n] = \frac{\sigma^2}{n}$$

による規準化を施していることになる。

中心極限定理は単に確率変数の和の分布に対する確率計算を行うだけでなく，理論から応用までを含めたさまざまな場面で用いられる。中心極限定理の重要なところは任意の確率分布に関する議論が正規分布に結び付く点であるため，見方を変えると，確率論においていかに正規分布が大きな役割を果たすかを表していることになる。

章　末　問　題

【1】 チェビシェフの不等式を利用し，大数の弱法則が成り立つことを示せ。

【2】 ある保険会社には 25 000 人の契約者がおり，1 人の契約者の年間の保険金の請求件数は平均 3.2 件で標準偏差が 5.4 件である。年間の総請求件数が 5 万件を越える確率を求めよ。

【3】 ある工場で生産している製品の不良率は 0.1 パーセントで，1 日に 5 個以上の不良品が生産される確率は 1 パーセントである。中心極限定理を利用して，この工場で 1 日に生産している製品の数を求めよ。

【4】 $X_1, \cdots, X_n$ が互いに独立ですべて平均 1 のポアソン分布に従う。$n \to \infty$ のとき

$$e^{-n} \sum_{k=0}^{n} \frac{n^k}{k!} \approx \frac{1}{2}$$

が成り立つことを示せ。

【5】 ある店で限定商品 150 個を販売することを計画している。購入希望者が 450 人いるという情報から抽選制で 30 パーセントを当たりとして販売したい。このとき，実際には 150 人以上が当たりとなる確率を求めよ。

【6】 互いに独立ですべて標準正規分布に従う確率変数 $X_1, \cdots, X_n$ を用いて表される確率変数 $V_n = \sum_{i=1}^{n} X_i^2$ を考える。以下の問いに答えよ。

(1) X_i^2 の平均と分散を求めよ。

(2) $\lim_{n\to\infty} \Pr\{V_n \leqq n + \sqrt{2n}x\} = \int_{-\infty}^{x} \frac{1}{\sqrt{2\pi}} \exp\left[-\frac{x^2}{2}\right] dx$ が成り立つことを示せ。

7 統計とはなにか

これまでなんらかの形で確率分布が与えられ，これを利用して確率や期待値など種々の計算方法を論じた。この際，そもそも確率分布はどうやって決まるのかという疑問を抱いた者もいることだろう。この確率分布を定める役割を担っているのが統計である。統計を使わなければ確率に関する計算を行うことができないため確率と統計はセットになっているが，最初に述べたようにそれぞれの役割は異なっている。しかし，統計を理解する上で確率の理解は必須であり，また応用の場面で確率を使用するためにはまず統計が必要になるため，両者をまったくの別物として捉えることはできない。以降は統計学の考え方や理論を中心に説明していく。

7.1 統計の主な役割

確率統計という名称の流れで統計と書いているが，学問的には統計学としたほうがよいであろう。本章の序文で，統計学の役割は確率分布を定めることであると書いたが，本来統計学がカバーしている範囲はもっと広い。

まず統計学の利用が想定される場面では，データと呼ばれるものが登場する。広辞苑によると「立論・計算の基礎となる，既知あるいは任用された事実・数値」，もしくは「コンピュータで処理する情報」などと書かれており，少々難しい印象である。統計学の分野では，なんらかの現象を観測することで得られる情報を数値化したもの，と理解しておけばおおむね誤解を招くことはないであろう。重要なのは数値になっている点である。この際，物体の長さや重さ，あるいはコンビニに来店した客数やレジでの処理時間を観測したのであれば，これらはすべて数値として得られる。これに対し，例えばアンケート調査でYesかNoで回答した結果は数値ではないが，Yesを1，Noを0で置き換えれば数値と見なせる。本書では取り上げないが，このように観測時点では数値でない情報も扱うことができるのが統計学である。ちなみに，データと呼ぶ場合は，1個ではなく複数個の数値の集まりと捉えるのが一般的である†。

データを入手したとき，それを活用してなにか法則性のような有益な知見を得たいと思うであろう。この際に役に立つのが統計学である。そして，この有益な知見を得る上で二つの視点がある。一つはデータそのものから情報を抽出すること，もう一つはデータを生成している背景の特徴を明らかにすることである。これらは，後述する記述統計学と推測統計学の役割の違いと関連づけることができる。

7.2　記述統計学と推測統計学

前述のとおり，統計学は一般に記述統計学と推測統計学に分類され，これらはデータからどのような情報を得たいかによって使い分けることになる。このとき，興味のある集団の特徴を記述するため，観測対象となった各個体を観測し，得られたデータを整理・要約する方法が**記述統計学**（descriptive statistics）である。なお，ここでいう観測は広く調査や実験を含んでおり，また個体は人やものの総称を表している。調査や実験によって各個体に関する観測値（数値）を得ることができ，これをまとめたものが**データ**（data）である。世間一般で統計学という場合には，この記述統計学に統計的確率と組合せ的確率を混ぜたような内容を指している場合が多い。採取したデータから有益な知見を得る上で記述統計学はたいへん重要であるが，本書では経営科学に関連した問題解決法への応用を意図しているため，推測統計学に焦点を当てて論じる。

推測統計学（inferential statistics）は**統計的推測**（statistical inference）とも呼ばれており，記述統計学との大きな違いは，データがなんらかの確率分布

† データは英語でdataと書くが，これは複数形で単数形はdatumである。

に従っていると仮定する点である。そして，確率論を利用して確率分布に関する意味のある情報をデータから抽出することが，推測統計学の目的となる。なお，敢えて意味のある情報と述べたのは，必ずしも確率分布そのものを特定することだけが目的とはかぎらず，その確率分布の背景にある特徴をつかむことももう一つの目的としてあるからである。仮に確率分布がわかれば，データを生成している背景を特定できたことになり，そうすると，今度はこの確率分布を別のさまざまな計算や解析に使うことが可能になる。例えば，2019 年に入学した大学 1 年生の数学の成績（データ）そのものからなにか知見が得られたとしても，その知見は通常 2020 年の学生に対しては当てはまらない。これに対し，少し雑ないい方だが，“確率分布を特定する”ということは，この例の場合，“大学 1 年生の数学の成績におけるその背景にある共通の特徴をつかむ”というような意味合いになり，他への応用を可能とするような有用なものとなる。

7.3　統計学とその周辺

本書で学ぶ内容は統計学の入口といった感じで，もっと本格的で深い内容を学ぶには他の文献が必要である。特に経営科学分野を専門とする学生は，多変量解析を勉強しておくと，いろいろと役に立つ場面があるはずである。多変量解析の数学的な側面を学ぶには線形代数の理解が不可欠となるのに対し，その応用的な側面を重視した場合は，どちらかというとプログラミングの知識が不可欠になる。ただし最近では，C 言語などの本格的なプログラミング言語を用いてゼロからプログラムすることはせずに，R や SAS，SPSS などの比較的とっつきやすい平易な関数プログラミング言語を用いることが多く，それほど難しく考える必要がなくなってきている。特に R に関連した書籍は数多く出版されているので，自分に合ったものをどれか 1 冊見つけるとよいだろう。

最近では「データサイエンス」という言葉を耳にすることがあると思うが，このデータサイエンスで重要な役割を果たすのが統計学である。統計学と情報科学的な内容をミックスしたものがデータサイエンスと考えると，実際に近いイメージである。また，データサイエンス以上に一般に浸透しているのが AI (artifical inteligence，人工知能) であるが，AI を実装する上で重要なのが「機械学習」である。この機械学習は前述の多変量解析の手法の一部が組み込まれているような感じなので，統計学は，上記のデータサイエンスや AI（人工知能)，機械学習のような最近流行《はや》りの学問とも深く関係がある。

8

標　本　分　布

あなたがスーパーを経営しているとすると，訪れる客の滞在時間や来店頻度，消費金額，購入した商品の数や内容などを知ることができれば，注文する商品の数や種類の決定，商品の配置，さらには従業員やパートのシフトを考える上で役に立つだろう。そのためには日々訪れる客を観察することが必要だが，滞在時間など，把握するのにたいへん手間のかかる項目もある。そもそも 1 日観察しただけではさすがに情報が少な過ぎるが，だからといって 5 年も 10 年も観察していては時間がかかり過ぎる。

このように興味のある集団のもつ全体的な特徴を知りたい場合，その集団全体を調べる**全数調査**（census）を行うことが望ましいが，上のように全数調査が不可能なこともある。そのような場合は集団の一部分だけを取り出して調べる**標本調査**（sample survey）を行うことになる。通常われわれが使用できるデータは，ほとんどの場合，標本調査に基づいて採取されたものである。このため，標本調査によって得られたデータから全体の特徴を推測するにはなんらかの手続きが必要で，このときに用いられるのが前章でも簡単にふれた統計的推測である。本章では，この統計的推測を行う上で重要な標本分布の考え方について説明する。

8.1　母集団と標本

先ほどのスーパーを訪れる来店客の集団のように，なにかを知りたい興味のある集団のことを**母集団**（population）と呼ぶ。統計学の場合は，単なる人やものの集まりというより，集団のもつ数量的な特性の集合を母集団と解釈したほうがよい。スーパーの来店客であれば個人や団体ではなく，各個人が滞在した時間や消費金額などの集まりが母集団となる。仮に母集団としてスーパーの来店客が滞在していた時間を想定した場合，これは 4 章で説明したようななんらかの確率分布に従っていると考えることができる。このような母集団が従う分布のことを**母集団分布**（population distribution）と呼ぶ。また，母集団分布の形状を特徴づける定数を**母数**（parameter，または**パラメータ**）という[†1]。私たちが統計的推測によって知りたいのは，この母集団分布のパラメータである。

全数調査が不可能な場合は，母集団を構成する一部分の要素の集まりを取り出した上で母集団を推測する。この一部分の要素の集まりを**標本**（sample）といい，標本を取り出す行為そのものを**標本抽出**（sampling，または単に**抽出**）などという。このとき，標本に含まれる要素の数を**標本の大きさ**（sample size）と呼ぶ。標本抽出を行うとき，一度取り出した要素を母集団に戻す場合を**復元抽出**（sampling with replacement），元に戻さない場合を**非復元抽出**（sampling without replacement）という[†2]。仮に母集団が N 個の要素から構成されていて n 個の要素を標本として抽出する場合，非復元抽出ならば n 個の要素の選び方は

$$\frac{N!}{n!(N-n)!} = \binom{N}{n}$$

通り存在する。このように母集団に含まれる要素の数 N が有限であるときは**有限母集団**（finite population），無限の場合は**無限母集団**（infinite population）という。仮に有限であっても，N が非常に大きい場合は無限母集団と見なして問題ない。また，少なくとも統計的推測を考える場面では，多くの場合，無限母集団を想定することが一般的である。

先ほどのスーパーの例で考えると，新規の客がまったく来ない場合が有限母集団ということになるが，引越しによる住民の入れ替わりや仕事や旅行などに伴う一時的な滞在の客の来店を想定すると，有限と見なすのは無理がある。このように現実的な観点では無限と見なしたほうが妥当なことは少なくない。よっ

[†1] 4 章で説明したものと同じものである。

[†2] これらの用語は 4 章で二項分布と超幾何分布について説明した際に初めて登場したが，特定の確率分布に限定して用いられるわけではないため，改めて取り上げた。

て，有限か無限かをあまり気にする必要はなく，上のような要素の選び方の総数，あるいは分布が二項分布なのか超幾何分布なのかなどを考えなくてもよい。しかし，標本抽出にあたっては，要素をどのようなルールに基づいて取り出したかという点は無視できない。スーパーであれば，家族連れだけに着目するとか，あるいは滞在時間が極端に短い客を除外して抽出するとか，いろいろなルールが思い浮かぶ。最も単純なのは各要素を等確率，すなわち n/N の確率で抽出する方法である。このような抽出法を**無作為抽出**（random sampling）といい，このように取り出された標本を**無作為標本**（random sample）という。また，n/N は**抽出率**と呼ばれている。

例 8.1 (標本と母集団)　これまで紹介した用語の意味をきちんと理解するため，現実的とはいえないが，以下の例を用いて母集団と標本の関係を見てみる。繰り返し登場するスーパーの来店客の滞在時間について，以下のような母集団があると考える。

母集団 客 1: 4.2, 客 2: 11.9, 客 3: 4.3, 客 4: 24.0, 客 5: 20.9,
客 6: 25.8, 客 7: 8.3, 客 8: 2.3, 客 9: 33.4, 客 10: 15.1〔単位：分〕

この母集団から大きさ 5 の標本を取り出す場合，仮に非復元抽出であれば $\binom{10}{5} = 252$ 通りの抽出方法がある。しかし，一般に統計的推測のために用いる標本はこの 252 通りの中の一つだけであるので，例えば

標本 A 客 1: 4.2, 客 3: 4.3, 客 6: 25.8, 客 9: 33.4, 客 10: 15.1

という標本が得られる。非復元抽出なのですべて異なる客の滞在時間で構成される。一方，復元抽出に基づくと 10^5 通りの中から

標本 B 客 2: 11.9, 客 4: 24.0, 客 8: 2.3, 客 4: 24.0, 客 10: 15.1

のような標本が得られる。復元抽出なので同じ要素（客 4）が複数（2 個）含まれることもある。この場合はつねに一定の確率 1/10 で客を選び，5 人

を選んだところで標本抽出が終了する。ここで標本 A と B を見比べた場合，客の区別を無視すると特に違いは感じられないだろう。仮に同じ滞在時間が観測された場合，それは同一の客かもしれないし，客が異なるがたまたま同じ滞在時間となったのかもしれない。このように少なくとも標本から母集団を推測するにあたっては，復元抽出か非復元抽出かは特に気にする必要はないのである。

逆に気にしなければならないのは，標本から得られるさまざまな特性値の違いである。例えば，母集団の平均が 15.02 であるのに対し，標本 A の平均は 15.46 で標本 B は 16.56 である。この結果だけ見ると標本 A のほうが母集団の平均に近いことになるが，実際には母集団の平均は未知であり，しかも得られる標本は A と B のどちらか一方だけである。もし仮にこの平均を母集団分布の推測に用いるとすると，標本による違いをなんらかの形で評価しなければならない。この辺に関しては次節以降で説明する。

統計的推測に関する基本的な問題を扱う場合は無作為標本と考えてよい。無作為標本という仮定があると，取り出された標本に含まれる確率変数が**すべて同じ分布**に従い，さらに異なる確率変数については**互いに独立**と見なすことができるため，数学的な取扱いが簡単になる。これに対し，標本が有限母集団からの非復元抽出となった場合はこれらの性質を満たさない。例えば，赤球と白玉がそれぞれ 5 個ある袋から球を一つずつ取り出す場合，最初の 1 回目は確率 1/2 で赤または白が取り出される。ここで最初に取り出されたのが赤ならば，つぎに赤となる確率は 4/9，白の確率は 5/9 となり，最初が白ならばこれらの確率は逆となるため，1 回目の結果が 2 回目に影響を与える。これは互いに独立という性質を満たしていないことになる。

8.2　統　　計　　量

3 章で学んだように，確率分布の代表値として平均と分散がよく用いられる。これは母集団分布の推測でも同様である。この母集団分布の平均を**母平均**（population mean），分散を**母分散**（population variance），標準偏差を**母標準偏差**（population standard deviation）と呼ぶ。

つぎに無作為抽出により得られた標本を $X_1, \cdots, X_n$ とする。大文字で書いてあるのは，これらがすべて確率変数であることを意味する。この標本は元々母集団から集められてきたとなれば，これをなんらかの形で変換すれば，母集団の代表値やパラメータの推測に使えるはずである。そこで，標本から得られる確率変数の関数 $T(X_1, \cdots, X_n)$ を考えると，$T(X_1, \cdots, X_n)$ もまた確率変数である。このような特性量を**統計量**（statistic），統計量が従う分布を**標本分布**（sample distribution）と呼ぶ。

そして，母集団分布と同様に標本分布についても，以下のように表される平均と分散

$$\bar{X}_n = \frac{1}{n}\sum_{i=1}^{n} X_i, \qquad S_n^2 = \frac{1}{n}\sum_{i=1}^{n}(X_i - \bar{X}_n)^2 \tag{8.1}$$

を考える。このとき，$\bar{X}$ を**標本平均**（sample mean），S_n^2 を**標本分散**（sample variance）と呼ぶ。なお，文献によっては S_n^2 ではなく

$$U_n^2 = \frac{1}{n-1}\sum_{i-1}^{n}(X_i - \bar{X}_n)^2 \tag{8.2}$$

を標本分散としていることもあるが，本書では U_n^2 を**不偏標本分散**（unbiased sample variance），あるいは単に**不偏分散**と呼んで区別する。分散の名称の違いについては 9 章で詳しく述べる。これら三つは標本から得られた確率変数の関数となっているため，いずれも統計量ということになる。

未知の母集団分布から標本を採取して統計量をつくっても，母集団分布がまったくわからなければ，標本分布について議論できないのではと考えるかもしれない。しかし，統計的推測を行う場面では，4 章で紹介したような確率分布を母集団分布に仮定することが一般的である。確率分布はそれぞれ特徴をもつことを 4 章で説明したので，それを踏まえて母集団分布の推測に標本分布や統計

量を用いる。そのような手続きを経て母集団分布を仮定すれば，結果として標本分布が得られることになる。これについては以下の例を通して説明する。

例 8.2 (標本分布の導出)　ある工場で生産している製品の不良品数を知りたい。不良品ならば 1，良品ならば 0 という値を割り当てると，ある製品が良品であるか否かが他の製品に影響を及ぼすとは考えられないため，母集団分布にパラメータ p のベルヌーイ分布を仮定する。これは生産された製品が確率 p で不良品であることを表す。このような母集団から，無作為抽出により大きさ n の標本 $X_1, \cdots, X_n$ を得たとき，不良品数として

$$T_n = \sum_{i=1}^{n} X_i \tag{8.3}$$

で表される統計量 T_n が従う確率分布を考える。X_i がベルヌーイ分布に従い，$i \neq j$ のとき X_i と X_j は独立なので 4.2.1 項で説明したように T_n は二項分布に従い，その平均は np, 分散は $np(1-p)$ になる。

8.3　正規母集団の下での統計量の分布

標本分布が理論的†に得られるかどうかは，仮定する母集団分布に依存する。よって，例 8.2 のようにつねに標本分布をうまく導くことができるとはかぎらない。

ここでは，正規分布を母集団分布とした**正規母集団** (normal population) の下で得られるいくつかの統計量の分布について述べる。これらの分布は，後述する区間推定と仮説検定を学ぶ際に役立つ。

8.3.1　正規分布から導かれる分布

さまざまな統計量から得られる標本分布を考える前提となるのは，正規分布に

† ここでいう理論的とは，数式を使ってそれをきちんと表すことができる，という意味である。

従う確率変数の関数の分布である。このとき，以下の三つの分布が重要である。

定理 8.1　カイ二乗分布

$Z_i \sim N(0,1)$ $(i=1,\cdots,n)$ が独立のとき

$$W_n = \sum_{i=1}^{n} Z_i^2 \tag{8.4}$$

で表される確率変数 W_n は自由度 n の**カイ二乗分布**（chi–square distribution）に従い，その確率密度関数は

$$f_{W_n}(w) = \frac{1}{2^{n/2}\Gamma(n/2)} w^{n/2-1} e^{-w/2} \tag{8.5}$$

で表される。ただし，$\Gamma(a)$ はガンマ関数を表す。

正確にはカイ二乗分布は 2 種類あり，式 (8.5) で表されているのは**中心カイ二乗分布**である。これ以外に本書ではふれないが，**非心カイ二乗分布**と呼ばれる分布も存在する。単にカイ二乗分布とした場合は式 (8.5) を指すことが一般的である。

このカイ二乗分布に従う確率変数の関数で表されるのが，以下に示す F 分布である。

定理 8.2　*F*　分　布

確率変数 X は自由度 m，Y は自由度 n のカイ二乗分布にそれぞれ従い，X と Y が独立のとき

$$V_{mn} = \frac{X/m}{Y/n} \tag{8.6}$$

で表される確率変数 V_{mn} は自由度が m と n の ***F* 分布**（F distribution）に従い，その確率密度関数 $f_{V_{mn}}(v)$ は

$$f_{V_{mn}}(v) = \frac{\Gamma((m+n)/2)m^{m/2}n^{n/2}}{\Gamma(m/2)\Gamma(n/2)} \frac{v^{m/2-1}}{(mv+n)^{(m+n)/2}} \tag{8.7}$$

で表される。

F 分布は正規分布とまったく関係ないように見えるが，定理 8.1 で述べたようにカイ二乗分布に従う確率変数が正規分布と関係しているため，正規分布に従う確率変数の関数の分布と解釈できる。

最後にカイ二乗分布と正規分布，さらに F 分布と関係しているのが以下の t 分布である。

定理 8.3　t 分　布

確率変数 X が自由度 n のカイ二乗分布に，Z が標準正規分布にそれぞれ従い，X と Z が独立のとき

$$T_n = \frac{Z}{\sqrt{X/n}} \tag{8.8}$$

で表される確率変数 T_n は自由度 n の $\boldsymbol{t}$ **分布**（t distribution）に従い，その確率密度関数 $f_{T_n}(t)$ は

$$f_{T_n}(t) = \frac{\Gamma((n+1)/2)}{\sqrt{n\pi}\,\Gamma(n/2)} \left(1 + \frac{t^2}{n}\right)^{-(n+1)/2} \tag{8.9}$$

で表される。

$T_n^2 = Z^2/(X/n)$ より分子は自由度 1 のカイ二乗分布に従うため，T_n^2 は自由度 1, n の F 分布に従う。

8.3.2　標本平均の分布

8.2 節で取り上げた標本平均 $\bar{X}_n$ を考えると

$$E\left[\bar{X}_n\right] = \mu, \qquad Var\left[\bar{X}_n\right] = \frac{\sigma^2}{n}$$

である。母集団は正規分布に従うため，4.1.1 項の定義 4.1 より $\bar{X}_n \sim N(\mu, \sigma^2/n)$ であることがわかる。よって，標本平均を規準化した統計量は

$$\frac{\bar{X}_n - \mu}{\sigma/\sqrt{n}} \sim N(0,1) \tag{8.10}$$

となり，標準正規分布に従う（章末問題参照）。

ここで統計量が母集団分布を推測する際に用いるものであることを踏まえると，式 (8.10) のように未知パラメータであるはずの μ と σ^2 の両方が入っているのは少々都合が悪い。少なくともどちらか一方を別の値で置き換えることができれば，そこから得られた統計量を用いて未知パラメータに関する推測ができそうに思える。そこで，母分散の代わりに不偏標本分散を用いて改めて作成した統計量を考えた場合，以下の性質が成り立つ。

定理 8.4 平均 μ, 分散 σ^2 の正規母集団から無作為抽出した大きさ n の標本 $X_1, \cdots, X_n$ から得られる標本平均 $\bar{X}_n$ と不偏標本分散 U_n^2 を用いて表される統計量

$$\frac{\bar{X}_n - \mu}{\sqrt{U_n^2/n}} = \frac{\bar{X}_n - \mu}{U_n/\sqrt{n}} = \frac{\sqrt{n}(\bar{X}_n - \mu)}{U_n} \tag{8.11}$$

は，自由度 $n-1$ の t 分布に従う。

少し余計な係数は入っているが，定理 8.4 により，標本平均 $\bar{X}_n$ の確率分布を母分散を含まない形で得られたことになる。現時点ではこれがなにを意味するかわからないかもしれないが，少なくとも $\bar{X}_n$ に関する確率的な評価を行うことが可能であろうということは予想できる。また，最初に余計な係数と書いたが，式 (8.11) は知りたいパラメータである μ を含んでいるため，なんとなく母平均に関する推測に役立ちそうなことも想像できるであろう。

8.3.3 標本分散の分布

標本平均の分布を求めることが可能だったため，標本分散も同様になんらかの性質が得られると予想できる。まず標本平均との関係として以下のような結果を導くことができる。

定理 8.5　平均 μ, 分散 σ^2 の正規母集団から無作為抽出した大きさ n の標本 $X_1, \cdots, X_n$ から得られる標本平均 $\bar{X}_n$ と不偏標本分散 U_n^2 は独立である。

定理 8.5 は，同じ確率変数で構成されている二つの統計量の関係に着目していることを踏まえると不自然なように思えるかもしれないが，これは無作為標本（すなわち独立な確率変数の集まり）という仮定が影響している。

つぎに不偏標本分散の分布を考える。定理 8.4 では母平均だけを含めた統計量の分布を導いているため，逆に母分散だけを含んだ統計量に着目する。このとき，以下の結果が得られる。

定理 8.6　平均 μ, 分散 σ^2 の正規母集団から無作為抽出した大きさ n の標本 $X_1, \cdots, X_n$ から得られる標本平均 $\bar{X}_n$ と不偏標本分散 U_n^2 を用いて表される統計量

$$\frac{(n-1)U_n^2}{\sigma^2} = \sum_{i=1}^{n} \left(\frac{X_i - \bar{X}_n}{\sigma} \right)^2 \tag{8.12}$$

は，自由度 $n-1$ のカイ二乗分布に従う。

なお，標本分散と不偏標本分散の間には

$$S_n^2 = \frac{n-1}{n} U_n^2$$

という関係があり，n は定数なので，定理 8.5 と定理 8.6 は標本分散についても成り立つ。

章 末 問 題

【1】 $Z \sim N(0,1)$ であるとき，$\Pr\{Z^2 \leqq x\}$ を求めよ。また，この結果を用いて Z^2 が自由度 1 の t 分布に従うことを示せ。

【2】 二つの確率変数 X_1, X_2 は互いに独立で，X_1 は自由度 14, X_2 は自由度 20 のカイ二乗分布に従う。このとき，$\Pr\{X_1 \geqq aX_2\} = 0.01$ を満たす定数 a を求めよ。

【3】 確率変数 N は平均 λ のポアソン分布に従う。このとき，以下の問いに答えよ。

(1) $\varGamma(k)$ をガンマ関数としたとき

$$\Pr\{N \leqq n\} = \frac{1}{\varGamma(n+1)} \int_{\lambda}^{\infty} x^n e^{-x}\,dx$$

が成り立つことを示せ。

(2) (1) の結果を利用して，ポアソン分布の計算にカイ二乗分布を利用できることを示せ。

【4】 母平均 μ, 母分散 σ^2 の大きさ N の母集団が $a_1, \cdots, a_N$ という値で構成されている。この母集団から非復元抽出で大きさ n の標本 $X_1, \cdots, X_n$ を得る。$i \neq j$ のとき $a_i \neq a_j$ として，以下の問いに答えよ。なお，$\bar{X}$ は標本平均を表す。

(1) $\Pr\{X_i = a_i\}$ を求めよ。

(2) (1) の結果を利用して $E[X_i] = \mu$, $Var[X_i] = \sigma^2$ となることを示せ。

(3) $i \neq j$ のとき，$\Pr\{X_i = a_i, X_j = a_j\}$ を求めよ。

(4) (3) の結果と $\displaystyle\sum_{i \neq j}(a_i-\mu)(a_j-\mu) = \frac{1}{2}\sum_i(a_i-\mu)\sum_j(a_j-\mu) - \sum_k(a_k-\mu)^2$

を利用し，$Cov[X_i, X_j] = -\dfrac{\sigma^2}{N-1}$ $(i \neq j)$ となることを示せ。

(5) $Var[\bar{X}] = \dfrac{N-n}{N-1}\dfrac{\sigma^2}{n}$ が成り立つことを示せ。

【5】 確率変数 Y_i $(i = 1, \cdots, 8)$ と X がすべて独立で標準正規分布に従うとき

$$\Pr\left\{5.503\sum_{i=1}^{8} Y_i^2 \geqq 8X^2\right\}$$

を求めよ。

【6】 確率変数 $Z_i \sim N(0,1)$ $(i = 1, \cdots, 5)$ に対し，$\Pr\{3(Z_1^2 + X_2^2) \geqq 2(Z_3^2 + Z_4^2 + Z_5^2)\}$ を求めよ。

【7】 ある工場で生産している製品には，ある決まった位置（目標）にそのメーカーのロゴマークを入れる。目標からの縦方向と横方向のずれは，いずれも平均 0 mm，標準偏差 2 mm の独立な正規分布に従う。完成した製品に対し，目標と実際のロゴマークとの位置との直線距離（ずれ）を計測する。このとき，以下の問いに答えよ。

(1) 目標からのずれが 4 mm 以下となる確率を求めよ。

(2) 生産した製品の 9 割は目標からのずれが c〔mm〕以下になる。c の値を求めよ。

9 推　　定

1 章と 7 章で確率と統計の役割の違いについてふれた。本章の内容を踏まえてもう少し具体的にそれぞれの役割をまとめると，確率は確率分布の母数を既知として議論するのに対し，統計は観測したデータから母数に関する推測を行うことであり，後者をすでに述べたとおり統計的推測と呼ぶ。仮に確率を使ってなにか問題を解決したい場合，まずは統計を使用して確率分布を定め，その後で確率の出番となる。よって，本章以降の内容を理解することで初めて確率を応用することが可能になる。

統計的推測には大きく分けて二つある。一つはデータから母数そのものの値を定めることであり，これを**推定**（estimation）と呼ぶ。もう一つは，10 章で取り上げる検定である。推定にはただ一つの値を定めることを目的とする**点推定**（point estimation）と母数が存在する範囲（区間）を推定する**区間推定**（interval estimation）がある。母数の値が一点に定まる点推定のほうが，その後確率分布を使って確率などを計算する場合には都合がよいように思えるかもしれないが，推定された値と神のみぞ知る値である母数の間には「ずれ」が生じている可能性があるため，ある程度幅をもたせて推測したほうがよいこともある。これらは状況や目的に応じて使い分けることになる。

9.1 点　推　定

ここでは，点推定を行う代表的な方法である最尤法とモーメント法，およびそれらの推定結果を評価する上で必要な考え方について説明する。最尤法は尤度の概念が，モーメント法はその名のとおり3章で学んだモーメント（積率）[†]の理解が，それぞれ必要になる。また，推定の際に用いられる確率分布は4章で説明したものが中心となる。どちらの方法も仮定する分布によっては数値計算が必要になるが，本書では推定で必要な式の導出方法を中心に解説する。

実際のデータを用いて推定を行う場合はコンピュータの利用が不可欠であることが少なくないが，多くのソフトウェアやプログラム言語には代表的な分布の点推定を行う機能が備わっており，ゼロからプログラムを作成する必要はほとんどないことが多い。この辺については本書では取り上げないが，初学者が独学で十分に理解できる良書が多く出版されているため，詳細はそちらで勉強することを薦める。

9.1.1　推定量の性質

点推定によりパラメータの値を一つに定めることができると述べたが，推定に使用するデータは確率変数の実現値を表すため，データによって推定結果も異なってしまう。そうなると推定結果の「よさ」をなんらかの方法で評価できるとありがたい。しかし，パラメータの値は誰も知らないため，そもそもわからない値に対するよさを知ることは難しいように思える。そのような場合には，これから説明する推定量の性質を理解することが重要になってくる。

いま，推定したい母集団分布のパラメータを θ とし，このパラメータを推定するため，母集団からの大きさ n の無作為標本 $\boldsymbol{X} = (X_1, \cdots, X_n)$ を採取しているものと考える。$\boldsymbol{X}$ は n 個の確率変数の集まりであり，これらの実現値を $\boldsymbol{x} = (x_1, \cdots, x_n)$ と記す。$\boldsymbol{x}$ が一般的にデータと呼ばれるものを意味する。

点推定では適当な統計量 $\theta = T_n(\boldsymbol{X})$ を用いてパラメータ θ を推定する。このように推定のために用いられる統計量を**推定量**（estimator）と呼ぶ。添字の n は標本の大きさを表す。推定量は確率変数の関数になっているのでやはり確

† 本書のこれまでの流れに基づくと「積率法」と記すべきだが，そのような表現を用いている専門書を見かけないため，一貫性が失われるように見えるかもしれないが，敢えてモーメント法とした。

率変数となる。T_n に実現値を入力して得られる値 $T_n(\boldsymbol{x})$ を**推定値**（estimate）と呼び，推定量とは区別する。推定値は推定量の実現値なので値が定まっているということになる。$\hat{\theta} = T_n(\boldsymbol{X})$ として θ の推定量であることを明確にするような書き方をすることもあるが，$\hat{\theta} = T_n(\boldsymbol{x})$ としている文献もある。また，両方の記述が混在している文献も少なからずあるが，両者の違いは話の流れから明確になるため混同することはあまりないようになっている。しかし，本書では混乱を招かないようにするため，必要に応じて推定量と推定値のどちらを表すか明記した上で説明を進める。

8 章で標本平均 $\bar{X}_n$ という統計量を説明したが，これで母集団分布の平均を推定することができるため，一つの推定量になる。母集団分布の平均を表すパラメータを μ としたとき，すでに説明したとおり

$$E[\bar{X}_n] = \mu \tag{9.1}$$

が成り立つ。式 (9.1) は直観的には以下のような解釈を与えることができる。無限母集団から繰り返し無作為標本を n 個採取する場合，k 回目に採取して得られた標本平均を $\bar{X}_n^{(k)}$ とする。このとき

$$\lim_{N\to\infty} \frac{1}{N} \sum_{k=1}^{N} \bar{X}_n^{(k)} = \mu$$

という関係が成り立つ，ということが式 (9.1) の意味である。このように解釈すると，式 (9.1) のような関係を満たす推定量はそれほど悪くないといえる。

推定量が確率変数であることを踏まえると，その期待値と知りたい値とのずれに着目するのは，それなりに妥当といえる。そこで

$$E[\hat{\theta}] - \theta \tag{9.2}$$

で表される量がなるべく小さくなることが望ましいといえよう。式 (9.2) を**偏り**（bias）と呼ぶ。偏りは英語をそのまま片仮名にした**バイアス**と呼ぶことも多い。そして，このバイアスがゼロとなる推定量が以下の不偏推定量である。

定義 9.1　不 偏 性

パラメータ θ の推定量 $T_n(\boldsymbol{X})$ が

$$E[T_n(\boldsymbol{X})] = \theta \tag{9.3}$$

という関係を満たすとき，$T_n(\boldsymbol{X})$ を**不偏推定量**（unbiased estimator）と呼ぶ。特に式 (9.3) のような関係を**不偏性**（unbiasedness）という。

不偏性は，推定量が満たしていることが望ましい代表的な性質である。統計学の知識がなくても，母集団の平均を推定する際には標本平均を用いる場面を目にしたことがあると思うが，定義 9.1 の意味を踏まえると，これは妥当な判断といえる。

一方，母集団の分散を推定したい場合には

$$S_n^2 = \frac{1}{n}\sum_{i=1}^{n}(X_i - \bar{X})^2$$

で表される標本分散が思い浮かぶだろうが，こちらは母分散の推定にはふさわしくない。名称からわかるように，不偏性を満たしているのは，標本分散ではなく 8 章で説明した不偏分散である。よって，分散の推定量としては不偏分散を用いることが望ましいといえる。

このように知りたいパラメータが平均や分散であれば，標本平均や標本分散のような意味をもつ推定量をつくり，標本分散や不偏分散のように不偏性を満たすように改良することで，不偏推定量を得ることができる。しかし，平均や分散以外ではこのような方法は適用できない。また，必ず不偏性を満たす推定量を得る方法があればありがたいのだが，残念ながらそのような方法も存在しない。よって，不偏性以外で推定量のよさを測る尺度が必要になる。

一般になにかを推定するとき，標本が大きいほど信頼できる結果であると考えることが少なくない。これは妥当な推定量について同じことがいえるはずであろう。そこで，以下のような推定量を考えてみる。

定義 9.2　一　致　性

パラメータ θ の推定量 $T_n(\boldsymbol{X})$ が任意の $\varepsilon > 0$ に対し

$$\lim_{n\to\infty} \Pr\{|T_n(\boldsymbol{X}) - \theta| > \varepsilon\} = 0 \tag{9.4}$$

を満たすとき，$T_n(\boldsymbol{X})$ を**一致推定量**（consistent estimator）と呼び，式 (9.4) のような関係を**一致性**（consistency）という。

定義 9.2 は標本を大きくすると推定量が母集団のパラメータに一致する確率が高くなることを意味しており，標本が十分大きければ得られた結果も信頼できるといえる。また，不偏推定量と異なり，ある条件の下でつねに一致性を満たす推定量を求める方法（詳細は後述）が存在することが知られている。なお，今後 $T_n(\boldsymbol{X})$ がパラメータ θ の推定量であることを表す場合は $\hat{\theta}_n$ と記す。

ただ式 (9.4) を見ると確率の極限を求める必要があり，そのためには推定量の確率分布が必要になる。推定量は確率変数の関数なので，母集団分布が比較的簡単な構造の確率分布であっても，その関数の分布を簡単には得ることができないことも少なくない。これは 8 章で説明した三つの分布を見てもわかるであろう。よって，式 (9.4) を用いて推定量の一致性を調べるのは少々厄介である。そのような場合には，以下の定理が便利である。

定理 9.1　推定量 $\hat{\theta}_n$ が以下の条件

$$\lim_{n\to\infty} E[\hat{\theta}_n] = \theta, \qquad \lim_{n\to\infty} Var[\hat{\theta}_n] = 0 \tag{9.5}$$

を満たすならば，$\hat{\theta}_n$ は θ の一致推定量である。

不偏推定量であれば，式 (9.5) の期待値に関する式は必ず成り立つ。よって，標本サイズを大きくしたときの分散の極限がゼロに近づけば，その推定量は一致性を満たす。

例 9.1　(正規母集団の下での標本平均の一致性)　平均が μ で分散が σ^2 の正規母集団からの無作為標本からつくった標本平均 $\bar{X}_n$ は，すでに述べたように不偏推定量なので，式 (9.5) の一方を満たすことは明らかである。このとき，標本平均の分散は

$$Var\left[\frac{1}{n}\sum_{i=1}^{n} X_i\right] = \frac{1}{n^2}\sum_{i=1}^{n} Var[X_i] = \frac{\sigma^2}{n}$$

となる。

不偏性や一致性を使って推定量のよさを測れることはわかったと思う。また，不偏性を得るための方法は存在しないとはいったが，その一方で不偏性を満たす推定量が二つ以上存在することもあり得る。

そこで，推定量とパラメータとの間の距離（ずれ）に着目する。2 点間の距離を表すときには三平方の定理のように二乗して計算するため

$$E[(\hat{\theta}_n - \theta)^2] \tag{9.6}$$

という量を考えてみる。式 (9.6) は**平均二乗誤差**（mean squared error）と呼ばれている。これは

$$\begin{aligned} E[(\hat{\theta}_n - \theta)^2] &= E[\{(\hat{\theta}_n - E[\hat{\theta}_n]) + (E[\hat{\theta}_n] - \theta)\}^2] \\ &= E[(\hat{\theta}_n - E[\hat{\theta}_n])^2] + (E[\hat{\theta}_n] - \theta)^2 \\ &= Var[\hat{\theta}_n] + (E[\hat{\theta}_n] - \theta)^2 \end{aligned} \tag{9.7}$$

のように推定量の分散とバイアスの 2 乗で表すことができる。不偏推定量なら式 (9.7) の第 2 項はゼロになり，平均二乗誤差は推定量の分散に一致する。よって，不偏推定量が複数存在する場合，推定量の分散が最も小さいものを選べばよい。

そうなると，今度は得られた推定量の分散が最小かどうかを知ることができるとありがたい。そのような場合に役に立つのが以下の定理である。

定理 9.2　クラメール・ラオの不等式

パラメータ θ をもつ母集団分布の確率密度関数（または確率関数）を $f_X(x;\theta)$ とし，$\boldsymbol{X} = (X_1, \cdots, X_n)$ をこの母集団分布からの無作為標本を表す確率変数の集まりとする。そして

$$f_{\boldsymbol{X}}(\boldsymbol{x};\theta) = \prod_{i=1}^{n} f_X(x_i;\theta),$$

$$I_n(\theta) = E\left[\left(\frac{\partial}{\partial\theta}\log\{f_{\boldsymbol{X}}(\boldsymbol{X};\theta)\}\right)^2\right] \qquad (9.8)$$

とおくと，パラメータ θ に対する標本サイズ n の任意の不偏推定量 $T_n(\boldsymbol{X})$ は，ある条件の下で以下の不等式

$$Var[T_n(\boldsymbol{X})] \geqq \frac{1}{I_n(\theta)} \qquad (9.9)$$

を満たす。このとき，式 (9.9) を**クラメール・ラオの不等式**（Cramer–Rao inequality）という。また，式 (9.8) で表される $I_n(\theta)$ を**フィッシャー情報量**（Fisher information）と呼ぶ。

定理 9.2 の「ある条件」は**正則条件**などと呼ばれており，関数の微分可能性や微分あるいは積分の交換可能性のような数学的な仮定を示している。この条件を満たさないと式 (9.9) は成立しないが，あまり数学的な内容に深入りすると本来の目的を見失いやすいのが統計的推測の特徴でもあるので，この正則条件については証明も含めて本書では詳細はふれない。

定理 9.2 は，不偏推定量の分散の下限が，フィッシャー情報量の逆数で表されることを示している。よって，得られた不偏推定量が式 (9.9) の右辺に一致すれば，分散が最小であることがわかる。このように分散が最小となる不偏推定量を**有効推定量**（efficient estimator）と呼ぶ。

なお，フィッシャー情報量を得るには，独立な n 個の確率密度関数の積の対数をとった上で偏微分を行い，その 2 乗の期待値を求めなければならず，少々

面倒である。特に大文字が使われていることでわかるように，式 (9.8) は確率密度関数自体が確率変数ということになるため，よりいっそう厄介である。このとき，先ほど「ある条件」と記した正則条件を使うと

$$I_n(\theta) = nI_1(\theta) \tag{9.10}$$

と変形できる。$I_1(\theta)$ は式 (9.8) で計算するが，これも正則条件を用いることで

$$I_1(\theta) = -E\left[\frac{\partial^2}{\partial\theta^2} f_X(X_i;\theta)\right] \tag{9.11}$$

と表すことができる。フィッシャー情報量を求める際には，式 (9.10), (9.11) を利用すると便利である。

例 9.2 (正規母集団の下での標本平均の有効性) 正規母集団からの無作為標本でつくった標本平均が，不偏性と一致性を満たすことはすでに述べた。そこで，標本平均が有効推定量となっているか調べてみる。いま，分散 σ_0^2 が既知である母集団分布の確率密度関数 $f_X(x;\mu)$ からの無作為標本を $\boldsymbol{X} = (X_1, \cdots, X_n)$ とする。このとき

$$\frac{\partial^2}{\partial\mu^2}\log\{f_X(x;\mu)\} = -\frac{1}{\sigma_0^2}$$

より x に依存せず一定となるので，フィッシャー情報量は

$$I_1(\mu) = -E\left[\frac{\partial^2}{\partial\mu^2}\log\{f_X(X_i;\mu)\}\right] = \frac{1}{\sigma_0^2}$$

となる。一方，一致性の証明で示したように

$$Var[\bar{X}_n] = \frac{\sigma_0^2}{n}$$

なので

$$Var[\bar{X}_n] = \frac{1}{nI_1(\mu)}$$

が成り立つ。よって，標本平均は分散を既知としたときの μ の有効推定量となっている。

9.1.2 最　　尤　　法

9.1.1 項で，推定量の「よさ」を知る上で必要ないくつかの性質や結果を学んだ。この結果，標本平均，不偏分散はよい推定量であることがわかった。よって，ある確率分布のパラメータ θ を推定したい場合，標本サイズ n の無作為標本から k 次モーメントを計算し，これが確率分布から求めた k 次モーメント $m_k(\theta)$ と等しい，すなわち

$$\frac{1}{n}\sum_{i=1}^{n} X_i^k = m_k(\theta) \tag{9.12}$$

という方程式を θ について解くことで，パラメータを推定できることになる[†]。しかし，式 (9.12) の左辺はともかく右辺の $m_k(\theta)$ が θ に関して非常に複雑な関数になると，方程式を解くことが難しくなる。また，3 章で述べたようにモーメントが存在しない確率分布もあるため，そのような場合には方程式を立てることすらできない。そもそも $m_k(\theta)$ の求め方が確率分布によって異なるため，どのような場合でも同じ手続きを踏むことで推定できるような方法のほうがいろいろと都合がよいことがある。そのようなときに有用な推定法が，本項で取り上げる最尤法である。

いま，離散型確率変数 X の母集団分布を $p_X(x;\theta)$ とし，標本サイズ n の無作為標本 $\boldsymbol{X} = (X_1, \cdots, X_n)$ が得られているものとする。標本の値が x_i $(i = 1, \cdots, n)$ となる確率は

$$\Pr\{X_1 = x_1, \cdots, X_n = x_n\} = \prod_{i=1}^{n}\Pr\{X_i = x_i\} = \prod_{i=1}^{n} p_X(x_i;\theta) \tag{9.13}$$

と書ける。式 (9.13) は，この確率が大きいほど $\boldsymbol{x} = (x_1, \cdots, x_n)$ という値が

---

† 本書では詳しくふれないが，前述のとおりこのような方法を**モーメント法**（method of moments）という。

観測されやすいことになる。これは θ というパラメータの下で考えているため，見方を変えると $\boldsymbol{x}$ という観測値の下での θ の妥当性のようなものを表した一種の量であり，これが大きいほど θ という値が妥当であると解釈することもできる。このとき，$p_X(x;\theta)$ を x の関数と見なせば当然これは確率を表すが，θ の関数と考えた場合は確率になるとはいい切れない。これが確率となるためには

$$\int_{-\infty}^{\infty} p_X(x;\theta)\, d\theta = 1$$

という条件を満たす必要があるが，残念ながらこれを保証することはできない。そこで，式 (9.13) を観測値ではなくパラメータの関数と見なした新たな量を定義する。

定義 9.3　尤度関数

確率変数 $\boldsymbol{X} = (X_1, \cdots, X_n)$ の同時確率密度関数または同時確率関数が $f_{\boldsymbol{X}}(\boldsymbol{x};\theta)$ であり，観測値 $\boldsymbol{x} = (x_1, \cdots, x_n)$ が与えられているとき

$$L(\theta;\boldsymbol{x}) = f_{\boldsymbol{X}}(\boldsymbol{x};\theta) \tag{9.14}$$

で表される関数 $L(\theta;\boldsymbol{x})$ を**尤度関数**（likelihood function），または単に**尤度**（likelihood）と呼ぶ。特に母集団分布が $f_X(x;\theta)$ であり，無作為標本 $\boldsymbol{x}$ が得られているとき，尤度関数は

$$L(\theta;\boldsymbol{x}) = \prod_{i=1}^{n} f_X(x_i;\theta) \tag{9.15}$$

となる。

θ という値の「尤《もっと》もらしさ」を表す量と見なすため，$L(\theta;\boldsymbol{x})$ を尤度関数と呼んでいる。確率と同じように尤度関数が大きいほど θ というパラメータが尤もらしいと見なせば，式 (9.15) を最大化することによって望ましいパラメータを推定することができる。このような方法を**最尤法**（method of maximum likelihood）と呼び，観測値 $\boldsymbol{x}$ の下で最尤法によって得られた推定値，すなわち

$$\hat{\theta}(\boldsymbol{x}) = \arg\max_{\theta} L(\theta; \boldsymbol{x}) \tag{9.16}$$

を**最尤推定値**（maximum likelihood estimate），観測値を確率変数 $\boldsymbol{X}$ で置き換えた $\hat{\theta}(\boldsymbol{X})$ を**最尤推定量**（maximum likelihood estimator）という。最尤推定量と最尤推定値の違いは前者が確率変数であるのに対し，後者は実際の観測値（データ）を入力して得られた実現値という点である。なお，無作為標本の場合，定義 9.3 の関数 f は離散型なら確率関数，連続型なら確率密度関数と見なせばよい。よって，確率分布を定めれば，最尤法により点推定値を得ることができる。なお，以降は特に断わりのないかぎり，確率分布は確率密度関数あるいは確率関数を指すものとする。

最尤法で推定する場合，尤度関数そのものではなくその対数をとったものを最大化したほうが計算を行う上で便利なことが多い。このため，$l(\theta; \boldsymbol{x}) = \log L(\theta; \boldsymbol{x})$ とした**対数尤度関数**（log–likelihood function）を用いて得られる以下の**尤度方程式**（likelihood equation）

$$\frac{d}{d\theta} l(\theta; \boldsymbol{x}) = 0 \tag{9.17}$$

を解くことで，最尤推定値を求める。

対数をとると便利なのは，式 (9.15) の積を和に変換できることが理由の一つである。他の理由としては，確率分布がガンマ分布や正規分布のように指数関数を用いていることが多いことや，二項分布のようにべき乗を含んでいるものもあるため，微分して尤度方程式を導くことまでを考えると，計算が扱いやすいことなどが挙げられる。

本書では母集団分布のパラメータが一つであることを想定しているが，正規分布やガンマ分布のように二つ以上のパラメータをもつ確率分布も存在する。そのような場合はパラメータをベクトルと見なせばスカラ（パラメータが一つ）の場合と同じように考えることができる。

例 9.3　(正規母集団における最尤推定)　$N(\mu, \sigma_0^2)$ からの無作為標本 $\boldsymbol{X} = (X_1, \cdots, X_n)$ の下，μ に対する最尤推定を考える。ただし，σ_0^2 は既知と

する。このとき，観測値 $\boldsymbol{x}$ が与えられているときの尤度関数 $L(\mu;\boldsymbol{x})$ は

$$L(\mu;\boldsymbol{x}) = \prod_{i=1}^{n} \frac{1}{\sqrt{2\pi\sigma_0^2}} \exp\left[-\frac{1}{2\sigma_0^2}(x_i-\mu)^2\right]$$
$$= \left(\frac{1}{\sqrt{2\pi\sigma_0^2}}\right)^n \exp\left[-\frac{1}{2\sigma_0^2}\sum_{i=1}^{n}(x_i-\mu)^2\right]$$

であり，対数尤度関数 $l(\mu;\boldsymbol{x})$ は

$$l(\mu;\boldsymbol{x}) = \ln[L(\mu;\boldsymbol{x})] = -\frac{n}{2}\ln[2\pi\sigma_0^2] - \frac{1}{2\sigma_0^2}\sum_{i=1}^{n}(x_i-\mu)^2$$

となる。対数尤度方程式は

$$\frac{d}{d\mu}l(\mu;\boldsymbol{x}) = \frac{1}{\sigma_0^2}\sum_{i=1}^{n}(x_i-\mu) = 0$$

と表されるので，これを解くと

$$\hat{\mu}(\boldsymbol{x}) = \frac{1}{n}\sum_{i=1}^{n}x_i = \bar{x}$$

が得られる。x_i は実測値なので上の結果は最尤推定値であり，最尤推定量は

$$\hat{\mu}(\boldsymbol{X}) = \frac{1}{n}\sum_{i=1}^{n}X_i = \bar{X}$$

と書く。このように μ の最尤推定量は標本平均と一致するため

$$E[\hat{\mu}(\boldsymbol{X})] = E\left[\frac{1}{n}\sum_{i=1}^{n}X_i\right] = \mu$$

より不偏性を満たすことがわかる。これらの結果は σ_0^2 を未知としても変わらない。しかし，その場合は σ_0 は不偏性を満たさない（章末問題）。

例 9.3 で述べたように最尤推定量は必ずしも不偏性を満たすとはかぎらない。しかし，ある条件の下では以下に示す都合のよい性質をもつため，点推定が必要な場面では最尤法を用いられることが比較的多い。

コーヒーブレイク

点推定を行うための手順が整うと，先に例として取り上げた仕入れ量の問題の解決にさらに一歩近づく。例 3.4 では，コンビニエンスストアで販売している弁当は 1 日に x 個売れる確率が $f_X(x)$ で，y 個仕入れたときに得られる期待利益が

$$\sum_{x=0}^{y}\left\{x\left(P-Ce^{-\alpha(y-1)}\right)\right\}f_X(x)$$

となることを説明した。P は弁当の販売価格なので店頭に並んでいる価格を見れば容易にわかる。仮に $P=500$ としておく。$Ce^{-\alpha(y-1)}$ は y 個仕入れるときの 1 個当りの原価なので，例えば弁当 1 個つくるのに 300 円，2 個なら 500 円かかるのであれば $y=1$ を代入して $C=300$，つぎに $y=2$ として $\alpha\approx 0.182$ と求めることができる。

残った問題は $f_X(x)$ であるが，ここで点推定（最尤法）の出番となる。例えば，以下のように販売数のデータをとりあえず 1 週間分採取したとする。

$$15, 23, 11, 47, 50, 38, 26$$

さらに，販売数として 4 章で取り上げたポアソン分布に従うと仮定できるとすると，確率関数 $f_X(x)$ が

$$f_X(x)=\frac{\lambda^x e^{-\lambda}}{x!}$$

で与えられる。λ は 1 週間分のデータが得られているため，最尤法により推定値を $\hat{\lambda}=30$ のように求めることができる。以上の結果を代入すると

$$\sum_{x=0}^{y}\left\{x\left(500-300e^{-0.182(y-1)}\right)\right\}\frac{30^x e^{-30}}{x!}$$

という式が完成するため，これに仕入量 y の値を決めて代入すれば期待利益を求めることができる。例えば，平均と同じ 30 個を仕入れると考えた場合は，上の式に $y=30$ を代入することで約 7 113 円という結果が得られる。そこで，仕入れ量を倍に増やしたときの様子を見るため $y=60$ を代入すると 14 999 円，さらに倍にして $y=120$ とすると 15 000 円となって，ほとんど値に変化がなくなることがわかる。実際には多くの弁当を仕入れたらそれだけ保管費用がかかり，さらに売れ残ったときの廃棄費用など他にも条件が必要となるため，これらの要因を考慮に入れると上記とは異なる結果が得られるはずである。これは設定した

式が現実的にはまだ不十分ということを意味する。

このような費用などの現実的な観点からの問題設定以外にもまだ不十分な点が残ることに気づく人もいるであろう。それはポアソン分布を仮定した理由が明らかにされていないことであり，この問題を解決する役割を担うのが 10 章で説明する検定である。ただし，紙面の関係で本書では確率分布の当てはまりの検定は扱わない。

定理 9.3　最尤推定量の性質

パラメータ θ をもつ母集団分布の真のパラメータ θ^* が存在し，ある条件†が成り立っているものとする。このとき，最尤推定量 $\hat{\theta}(\boldsymbol{X})$ は θ^* の一致推定量であり，$n \to \infty$ ならば，以下の結果が成り立つ。

$$\sqrt{n}\left(\hat{\theta}(\boldsymbol{X}) - \theta^*\right) \sim N\left(0, I(\theta^*)^{-1}\right) \tag{9.18}$$

最尤法によって不偏推定量が得られるとはかぎらないが，少なくとも定理 9.3 により一致推定量にはなっているため，標本サイズを大きくすれば真の値には近づく。また，このとき式 (9.18) より正規分布に近づきその分散がフィッシャー情報量で表されるので，仮に不偏性を満たす最尤推定量であれば定理 9.2 から最小の分散をもつことがわかるため，最もよい推定量となっている。不偏性を満たしていないが標本サイズを大きくすることで正規分布に近づく他の推定量が存在する場合，式 (9.18) により最もよい推定量と結論づけることができる。このように，いろいろな観点から見て最尤法は優れた性質をもっていることが，点推定で最尤法が用いられる理由である。

9.2　区　間　推　定

最尤法によってパラメータの値が得られれば確率分布が定まるため，そこか

† 本書ではすでに何回か出てきた正則条件と呼ばれるものである。

ら確率や期待値といった値を求めることができる。この値が例えばコンビニである個数の商品を仕入れたときに得られる期待利益であれば，期待利益を最大とする商品の仕入れ量を決定するという問題を解決できる。

しかし，最尤法にかぎらずどんな方法を使ったとしても，「本当の」パラメータの値を知ることはできない。また，9.1 節で説明したように得られる標本によって推定値は変わる。すなわち，推定誤差が生じることになる。よって，上下限のように推定値の幅を知ることができると，この幅を望ましい大きさにするような標本サイズを決めることができる。このように幅をもたせて推定する方法が**区間推定**（interval estimation）である。

9.2.1 信頼区間のつくり方

これまで同様，未知パラメータ θ をもつ母集団分布 $f_X(x;\theta)$ からの無作為標本を $\boldsymbol{X} = (X_1, \cdots, X_n)$ とする。このとき，区間推定を行うということは以下のように定義される信頼区間を求めることを意味する。

定義 9.4　信 頼 区 間

無作為標本 $\boldsymbol{X}$ から得られる二つの統計量 $T_U = T_U(\boldsymbol{X})$，$T_L = T_L(\boldsymbol{X})$ が

$$\Pr\{T_L \leqq \theta \leqq T_U\} \geqq 1 - \alpha \tag{9.19}$$

を満たすとき，$[T_L, T_U]$ をパラメータ θ の $100(1-\alpha)$ パーセント**信頼区間**（confidence interval）という。また，$1-\alpha$ を**信頼係数**†（confidence coefficient）と呼ぶ。

特に T_L を**下側信頼限界**（lower confidence limit），T_U を**上側信頼限界**（upper confidence limit）という。信頼区間を求める際は事前に望ましい α の値を与えるが，通常は 0.05 や 0.01 に設定することが多い。

† α でなく $1-\alpha$ に名称を与えているのは少々ややこしく感じるかもしれないが，ある程度意味がわかるようになると，それほど不自然には感じられなくなる。

式 (9.19) は，θ の値が T_L 以上 T_U 以下である確率が $1-\alpha$ 以上という意味ではない。確率変数は θ ではなく信頼区間 $[T_L, T_U]$ なので，式 (9.19) は無作為標本を抽出して信頼区間 $[T_L, T_U]$ をつくるという行為を何回も繰り返したとき，その中の $100(1-\alpha)$ パーセント以上は真のパラメータ θ を含んでいるということを表している。

信頼区間は以下のような手順で求める。

手順 1　無作為標本 $\boldsymbol{X}$ とパラメータ θ に依存し，その確率分布がパラメータ θ に依存しない関数（統計量）$Q(\boldsymbol{X}, \theta)$ をつくる。

手順 2　α の値を与え，$\Pr\{q_1 \leqq Q(\boldsymbol{X}, \theta) \leqq q_2\} = 1-\alpha$ を満たす q_1, q_2 を見つける。

手順 3　$\Pr\{q_1 \leqq Q(\boldsymbol{X}, \theta) \leqq q_2\} = \Pr\{T_L(\boldsymbol{X}) \leqq \theta \leqq T_U(\boldsymbol{X})\}$ を満たす $T_L(\boldsymbol{X})$ と $T_U(\boldsymbol{X})$ を求める。

手順 4　手順 3 で求めた $[T_L(\boldsymbol{X}), T_U(\boldsymbol{X})]$ が $100(1-\alpha)$ パーセント信頼区間となる。

手順 3 は $Q(\boldsymbol{X}, \theta)$ が $\boldsymbol{X}$ と θ の関数になっているため，不等式 $q_1 \leqq Q(\boldsymbol{X}, \theta) \leqq q_2$ を θ について解くというイメージである。

よって，$Q(\boldsymbol{X}, \theta)$ をうまく定めることができれば上の手順で信頼区間を求めることができるが，残念ながら点推定における最尤法のような方程式を形式的に立てることはできない。基本的には母集団分布の特徴を踏まえて Q をつくることになる。これについてはこの後で説明するが，大雑把にいうと，まずはパラメータの推定量をつくることが，手順 1 で Q をつくるための第一歩になる。

9.2.2　正規母集団の下での区間推定

正規母集団 $N(\mu, \sigma^2)$ から得られた標本サイズ n の無作為標本 $\boldsymbol{X}$ を用いて，母平均の区間推定を行う問題を考える。この問題は母分散 σ^2 が既知か未知かで方法が異なる。

〔1〕 母分散が既知の場合の母平均の区間推定　知りたいのは母平均に関する情報なので，その推定量として簡単に思い浮かぶのは標本平均 $\bar{X}_n$ である。

8 章で説明したように $\bar{X}_n \sim N(\mu, \sigma^2/n)$ なので確率分布は明らかだが，その一方で未知パラメータ μ に依存するため手順 1 で示した条件を満たさない。そこで，標本平均を規準化して

$$Q_n(\boldsymbol{X};\mu) = \frac{\bar{X}_n - \mu}{\sigma/\sqrt{n}} \tag{9.20}$$

とすれば $Q \sim N(0,1)$ となり，未知パラメータが無関係になる。すると，手順 2 で示した

$$\Pr\{q_1 \leqq Q_n(\boldsymbol{X};\mu) \leqq q_2\} = \Pr\left\{-z_{\alpha/2} \leqq \frac{\bar{X}_n - \mu}{\sigma/\sqrt{n}} \leqq z_{\alpha/2}\right\} = 1-\alpha \tag{9.21}$$

という関係式が得られる。$z_{\alpha/2}$ は標準正規分布の上側 $100\alpha/2$ パーセント点であり，α を定めれば求まる。式 (9.21) を μ を不等号に挟まれるように変形すると

$$\Pr\left\{\bar{X}_n - z_{\alpha/2}\frac{\sigma}{\sqrt{n}} \leqq \mu \leqq \bar{X}_n + z_{\alpha/2}\frac{\sigma}{\sqrt{n}}\right\} \tag{9.22}$$

が得られるため

$$\left[\bar{X}_n - z_{\alpha/2}\frac{\sigma}{\sqrt{n}},\ \bar{X}_n + z_{\alpha/2}\frac{\sigma}{\sqrt{n}}\right] \tag{9.23}$$

が最終的な信頼区間となる。

現実的には母分散が既知ということはあり得ないが，標本サイズが十分大きい場合は，母分散に推定値を用いてもそれほど問題にはならない。

〔2〕 **母分散が未知の場合の母平均の区間推定**　つぎに母分散を未知としたときの母平均の信頼区間を求める。分散の推定値として思い浮かぶのが

$$U_n^2 = \frac{1}{n-1}\sum_{i=1}^{n}(X_i - \bar{X}_n)^2$$

で表される不偏標本分散である。このとき，U_n^2 を用いて得られる統計量

$$Q_n(\boldsymbol{X};\mu) = \frac{\bar{X}_n - \mu}{\sqrt{U_n^2/n}} = \frac{\sqrt{n}(\bar{X}_n - \mu)}{U_n} \tag{9.24}$$

は定理 8.4 より自由度 $n-1$ の t 分布に従う。統計量 T の確率分布は未知パ

ラメータに依存しないため，手順 1 で示した Q の条件を満たす。よって，式 (9.24) で表される統計量 T を用いると

$$\Pr\{q_1 \leqq Q_n(\boldsymbol{X};\mu) \leqq q_2\} = \Pr\left\{-t_{n-1,\alpha/2} \leqq \frac{\sqrt{n}(\bar{X}_n-\mu)}{U_n} \leqq t_{n-1,\alpha/2}\right\}$$

$$= \Pr\left\{\bar{X}_n - t_{n-1,\alpha/2}\frac{U_n}{\sqrt{n}} \leqq \mu \leqq \bar{X}_n + t_{n-1,\alpha/2}\frac{U_n}{\sqrt{n}}\right\} \qquad (9.25)$$

と変形できる。ただし，$t_{n-1,\alpha/2}$ は自由度 $n-1$ の t 分布の上側 $100\alpha/2$ パーセント点である。以上より，分散が未知の場合の正規母集団の母平均の信頼区間は以下のようになる。

$$\left[\bar{X}_n - t_{n-1,\alpha/2}\frac{U_n}{\sqrt{n}},\ \bar{X}_n + t_{n-1,\alpha/2}\frac{U_n}{\sqrt{n}}\right]$$

〔**3**〕 **母分散の区間推定**　　母分散の信頼区間を求める場合も母平均が既知か未知かで統計量の分布が異なる。知りたいのは母分散なので，分散の推定量を使って手順 1 の Q をつくることになる。このとき，母平均 μ が既知の場合は

$$S_n^2 = \frac{1}{n}\sum_{i=1}^{n}(X_i-\mu)^2$$

で表される標本分散を用いる。これは母分散の不偏推定量となっていることはすでに学んでいる（章末問題）。これらの事実から

$$\frac{nS_n^2}{\sigma^2} = \frac{1}{\sigma^2}\sum_{i=1}^{n}(X_i-\mu)^2 \qquad (9.26)$$

は自由度 n のカイ二乗分布に従うため，$100(1-\alpha)$ パーセント信頼区間は

$$\left[\frac{\sum_{i=1}^{n}(X_i-\mu)^2}{\chi^2_{n,\alpha/2}},\ \frac{\sum_{i=1}^{n}(X_i-\mu)^2}{\chi^2_{n,1-\alpha/2}}\right] \qquad (9.27)$$

となる。ただし，$\chi^2_{k,\beta}$ は自由度 k のカイ二乗分布の上側 100β パーセント点を表す。

つぎに母平均が未知の場合は標本分散ではなく不偏分散

$$U_n^2 = \frac{1}{n-1}\sum_{i=1}^{n}(X_i-\bar{X}_n)^2$$

を用いて得られる以下の推定量

$$\frac{(n-1)U_n^2}{\sigma^2} = \frac{1}{\sigma^2}\sum_{i=1}^{n}(X_i - \bar{X}_n)^2 \tag{9.28}$$

が自由度 $n-1$ のカイ二乗分布に従うことを利用することで，信頼区間は

$$\left[\frac{\sum_{i=1}^{n}(X_i - \bar{X}_n)^2}{\chi^2_{n-1,\alpha/2}}, \frac{\sum_{i=1}^{n}(X_i - \bar{X}_n)^2}{\chi^2_{n-1,1-\alpha/2}}\right] \tag{9.29}$$

となることがわかる。

9.2.3 母比率の区間推定

母集団が正規分布ということは，観測値が連続量であることを表している。これに対し，例えば生産された製品が良品か不良品か，患者があるウイルスに感染しているか否かのように，Yes か No で判定される現象もある。このような場合は Yes を 1，No を 0 とすることで母集団分布がベルヌーイ分布に従うと見なすことができる。

そこで，$\boldsymbol{X} = (X_1, \cdots, X_n)$ をパラメータ p のベルヌーイ分布からの無作為標本として，p の区間推定を考える。この p は**母比率**（population ratio）と呼ばれている。ここで

$$\hat{p} = \frac{1}{n}\sum_{i=1}^{n} X_i \tag{9.30}$$

で表される推定量 $\hat{p}$ は p の不偏推定量となる。n が十分大きい場合，中心極限定理より

$$\frac{\hat{p} - p}{\sqrt{\hat{p}(1-\hat{p})/n}} \tag{9.31}$$

は標準正規分布に従う。よって，この推定量を利用することで p の信頼区間は

$$\left[\hat{p} - z_{\alpha/2}\sqrt{\frac{\hat{p}(1-\hat{p})}{n}}, \hat{p} + z_{\alpha/2}\sqrt{\frac{\hat{p}(1-\hat{p})}{n}}\right] \tag{9.32}$$

となる。

以上より手順 1 の Q をうまく定めることができると信頼区間を求めることが

でき，そのことから，この Q が知りたいパラメータの推定量を用いて表されていることがわかるだろう。しかし，最初に述べたように，この Q を見つけるための法則や形式的な手順のようなものがあるわけではない。このため，区間推定が必要な場合は，自分で導出するというよりも，既存の結果を利用するという考え方のほうがよいと思われる。

章末問題

【1】 X_i $(i = 1, \cdots, n)$ は，平均が λ であるポアソン分布からの無作為標本である。このとき，λ の最尤推定量を求めよ。

【2】 母分散が 4 である正規分布からの大きさ n の無作為標本に対し，母平均信頼係数が 0.95 の信頼区間を構成する。信頼区間の幅を 2 以下にするには標本数 n をいくら以上に設定すればよいか。

【3】 X_i $(i = 1, \cdots, n)$ は $(0, \theta)$ 上の一様分布からの無作為標本である。このとき，以下の問いに答えよ。

(1) $X_{(n)} = \max\limits_{1 \leqq i \leqq n} X_i$ としたとき，$X_{(n)}$ の確率密度関数を求めよ。

(2) $X_{(n)}$ の期待値を求めよ。

(3) 推定量 $T(\boldsymbol{X}) = \dfrac{n+1}{n} X_{(n)}$ が θ の不偏推定量であることを示せ。

【4】 X_i $(i = 1, \cdots, n)$ は以下の確率密度関数からの無作為標本である。

$$f_X(x) = \frac{1}{2} e^{-|x-\theta|} \qquad (-\infty < x < \infty)$$

このとき，θ の最尤推定量を求めよ。

【5】 $X_1, \cdots, X_m$ は二項分布 $B(n, p)$ からの無作為標本である。p は未知で n が既知であり，標本平均を $\bar{X}$ として，以下の問いに答えよ。

(1) $Var[\bar{X}] = \dfrac{np(1-p)}{m}$ が成り立つことを示せ。

(2) $\bar{X}$ が np の有効推定量であることを示せ。

【6】 ある機械部品の製造法を開発したため，この製造法を用いて製造した製品から 40 個を無作為に抽出して重量を測定し，標本標準偏差を求めたところ 22 グラムであった。このとき，信頼係数 95 パーセントで母分散を推定せよ。

【7】 $X_1, \cdots, X_n$ を以下の確率密度関数をもつガンマ分布からの無作為標本とする。

$$f_X(x) = \begin{cases} \dfrac{\beta^{-\alpha} x^{\alpha-1} e^{-x/\beta}}{\Gamma(\alpha)} & (x > 0) \\ 0 & (\text{otherwise}) \end{cases}$$

このとき，α を既知として以下の問いに答えよ。

(1) β の最尤推定量を求めよ。

(2) (1) で求めた最尤推定量が不偏性を満たすかどうか調べよ。

【8】 $X_i\ (i = 1, \cdots, n)$ は平均 μ，分散 σ^2 の正規分布からの無作為標本である。このとき，以下の問いに答えよ。

(1) μ を既知として σ^2 の最尤推定量を求めよ。

(2) (1) で求めた最尤推定量が不偏性を満たすか否か示せ。

(3) μ を未知として μ と σ^2 の最尤推定量を求めよ。

(4) (3) で求めた最尤推定量が不偏性を満たすか否か示せ。

【9】 パラメータ p をもつベルヌーイ分布に従う母集団からの無作為標本を $X_1, \cdots, X_n$ として，以下の問いに答えよ。

(1) p の最尤推定量を求めよ。

(2) (1) で求めた最尤推定量が有効推定量となっていることを示せ。

(3) (1) で求めた最尤推定量が不偏性を満たすことを示せ。

(4) (1) で求めた最尤推定量が一致性を満たすことを示せ。

【10】 $X_1, \cdots, X_n$ を平均 $(1-p)/p$ である幾何分布からの無作為標本とする。このとき，以下の問いに答えよ。

(1) p の最尤推定量を求めよ。

(2) 推定量 $T(X)$ は $T(0) = 1$ かつ $T(x) = 0\ (x > 0)$ を満たすという。この推定量が p の不偏推定量であることを示せ。

(3) 推定量 $T(X)$ の分散を最大とする p の値とそのときの分散を求めよ。

【11】 平均 μ，分散 σ^2 の正規母集団からの無作為標本 $X_1, \cdots, X_n$ を考える。実数 $\alpha_i\ (i = 1, \cdots, n)$ が $\displaystyle\sum_{i=1}^{n} \alpha_i = 1$ を満たすものとして，以下の問いに答えよ。

(1) 二つの統計量 $\tilde{X} = \displaystyle\sum_{i=1}^{n} \alpha_i X_i$ と $\bar{X} = \dfrac{1}{n}\displaystyle\sum_{i=1}^{n} X_i$ がいずれも μ の不偏推定量であることを示せ。

(2) $Var[\bar{X}] \leq Var[\tilde{X}]$ が成り立つことを示せ。

(3) μ の推定量として $\bar{X}$ と $\tilde{X}$ のどちらがよいか。

【12】 $X_1, \cdots, X_n$ は平均 λ^{-1} の指数分布を母集団分布としてもつ無作為標本である。以下の問いに答えよ。

(1) λ の最尤推定量を求めよ。

(2) $\bar{X}\ln[2]$ が中央値の最尤推定量となることを示せ。

(3) (1) と (2) の最尤推定量が不偏性を満たすかどうか示せ。

【13】 長方形の土地の面積を求めるため，縦と横の長さを複数回測定する。測定により生じる誤差の平均は縦と横ともにゼロ，分散は縦が σ_x^2 で横が σ_y^2 である。縦と横の長さをそれぞれ n 回測定し，i 回目の縦と横の測定値をそれぞれ X_i, Y_i とする。そして，以下の二つの方法で面積を推定する。

(i) 測定する度に面積を計算してから平均を求める。すなわち，$S_1 = \dfrac{1}{n}\displaystyle\sum_{i=1}^{n} X_i Y_i$ によって面積を推定する。

(ii) 縦と横の平均を先に計算してからそれらの積を求める。すなわち，$S_2 = \bar{X}\bar{Y}$ によって面積を推定する。

測定値はすべて互いに独立であり，縦と横の真の長さをそれぞれ μ_x, μ_y として以下の問いに答えよ。

(1) S_1 と S_2 が面積の不偏推定量となっているかどうか示せ。

(2) S_1 と S_2 の分散を求めよ。

(3) (1) と (2) の結果からどちらの方法が精度よく面積を推定できるか述べよ。

【14】 ある飲食店で仕入れた 10 個の果物の糖度を糖度計を使用して測定したところ，以下のような測定結果が得られた。

$$11.2, 12.4, 10.8, 11.6, 12.5, 10.1, 11.0, 12.2, 12.4, 10.6$$

糖度計の測定誤差は正規分布に従うという。このとき，果物の糖度を信頼係数 95 パーセントで推定せよ。

【15】 互いに独立な推定量 S_1, S_2 があり，いずれもパラメータ θ の不偏推定量で分散は σ_i^2 $(i = 1, 2)$ である。これらを用いて新たな推定量 $T = \lambda S_1 + (1 - \lambda) S_2$ をつくる。ただし，λ は非負の実数である。このとき，以下の問いに答えよ。

(1) 推定量 T が不偏性を満たすことを示せ。

(2) T が S_i よりもよい推定量となるように λ を定めよ。

10 検　　定

9 章では同一条件の下でデータを採取し，確率分布のパラメータを推定するという状況を想定していた。これに対し，現実の状況ではなんらかの理由により異なる条件の下でデータが得られ，条件の違いがデータと関係しているか知りたいという場面に遭遇することもある。このとき，同一条件のデータごとにパラメータを推定して，その値を比較したとしてもおそらくなにもわからないだろう。そもそもデータはばらつきをもつのだから，推定値の違いが条件の違いによるものか，それとも測定誤差によるもので条件はまったく無関係なのか，判断できないからである。このような場面で役に立つのが**検定**（test）あるいは**仮説検定**（hypothesis test）という方法である。検定は，統計的手法を用いてデータ解析を行う場合に非常に重要であるが，初学者には少々理解しにくい部分がある。また，検定の方法は非常に多岐にわたるので，本書で扱うのはいわばせいぜい入口に相当する程度の内容である。より発展的な内容や数学的な厳密さを追求したい場合は，多くの良書が存在するので，そちらを参考にしてほしい。

10.1　基本的な考え方

検定ではまず「なにも違いがない」という仮説を立て，その仮説に合わないような「ある値」が得られることはないという立場の下，統計学の手続きを経て最初に立てた仮説の誤りを示すことにより違いがあると結論づけるという，背理法の論理に基づいている。ここで「誤り」という言葉が出てきたが，われわれの周囲にはいくつかの誤りのパターンのようなものがある。例えば裁判の場合，本当は有罪なのに無罪という判決が出るケースと，本当は無罪なのに有罪となるケースである。検定でもこの二つの誤りを考えることが重要となる。これを理解するため，まずは簡単な例を紹介する。

例 10.1　ある食品会社では冷凍食品を製造して販売している。この冷凍食品は内容量を 5 kg としてこれまで販売しているが，製造用の設備を更新して製造したところ，内容量に関して以下のようなデータが得られた。

$$4.71, 4.57, 4.83, 4.66, 4.74, 4.67, 5.22, 5.16, 4.69, 4.91 \quad 〔単位：kg〕$$

標本平均が 4.81 であったため，これを見ると 5 kg を下回っているようだが，この結論は正しいといえるだろうか？

単純に標本平均だけ見ると 5 kg より小さいが，人によっては単なる誤差である，あるいはデータが少な過ぎるという意見もあるはずなので，これに対する客観的な判断を下すためには検定が役に立つということである。このとき，製品を購入する客の立場からすると内容量が多過ぎて困ることはないが，食品会社からすると損失である。また，少ない場合は購入した客の不満につながるため，例 10.1 では 5 kg であるか否かが問題となる。ただどうしても多少の誤差は生じるはずなので，ここでは内容量の平均は「ほぼ 5 kg である」と「ほぼ 5 kg とはいえない」いう二つの仮説を設定してみる。例えば，前者は 5 kg プラスマイナス 0.1 kg の範囲，後者が 0.1 kg を超えるような例をイメージするとよいであろう。この問題をもう少し数学的に一般化するとつぎのようになる。

確率変数 $X_1, \cdots, X_n$ を確率分布（確率密度でも確率関数でもよい）$f_X(x;\theta)$ からの無作為標本とする。そして Θ をパラメータ θ のとり得る値の集合 $(\theta \in \Theta)$ として，これを二つの背反な集合 Θ_0 と Θ_1 に分ける，すなわち，$\Theta = (\Theta_0 \cup \Theta_1)$，$\Theta_0 \cap \Theta_1 = \emptyset$ と考える。例 10.1 で θ は平均を表すパラメータと見なすと，二つに限定するのは内容量の平均が「ほぼ 5 kg かそうでないか」だけに注目している点と一致する。このとき，ほぼ 5 kg に相当する 5 kg 付近の値の集まりが Θ_0，それ以外が Θ_1 を表すことになる。そうすると，先ほどの「ほぼ 5 kg かどうか」は確率分布 $f_X(x;\theta)$ のパラメータ θ が $\theta \in \Theta_0$ か，それとも $\theta \in \Theta_1$ かという問題に書き直すことができる。このとき，前者すなわち $\theta \in \Theta_0$ を**帰無仮説**（null hypothesis），$\theta \in \Theta_1$ を**対立仮説**（alternative hypothesis）と呼ぶ。これらをもう少し形式的に書くと，以下の二つの仮説のどちらが正しいといえるかを判断することになる。

$$\text{帰無仮説 } H_0 : \theta \in \Theta_0 \qquad \text{対立仮設 } H_1 : \theta \in \Theta_1$$

仮に H_0 を正しいと判断できる場合は帰無仮説を**採択**（accept）するといい，逆に帰無仮説は誤りで対立仮説が正しいと結論できるのであれば，帰無仮説を**棄却**（reject）するという。

工場で生産される製品で考えると，帰無仮説は「良品である（不良品でない）」，対立仮説は「不良品である」に相当する。そして，良品と不良品を判断するために測定されるものが製品の品質特性であり，仮に測定誤差があると確率的な変動を伴うため，品質特性は確率変数と見なすことができる。このように製品ごとに品質特性が異なるので，これを適切なルールの下で判断基準に利用できる特性値に変換すると都合がよい。この変換された特性値に相当するのが無作為標本から得られる**検定統計量**（test statistic）と呼ばれる統計量である。

8章で学んだように統計量も確率変数であることを踏まえると，検定統計量から得られる結果として2種類の誤りが考えられる。一つは帰無仮説が正しいのに誤って帰無仮説を棄却してしまうことであり，これを**第一種の誤り**（error of the first kind，または**タイプIの誤り**）と呼ぶ。もう一方は逆に帰無仮説が誤りなのに帰無仮説を採択する**第二種の誤り**（error of the second kind，または**タイプIIの誤り**）である。これら2種類の誤りを踏まえて真実と検定の結果をまとめると，**表10.1**のようになる。

これらの誤りは両方とも小さくなるような検定方式を用いることが望ましいが，それは不可能である。先ほどの工場の例で考えた場合，検査の基準を甘くすれば良品を誤って不良品と判断する第一種の誤りの確率を下げることができるが，これに伴い本来不良品であるはずの製品が良品と判定されることも多くな

表 10.1　第一種と第二種の誤りの関係

		検定の結果	
		帰無仮説が正しい	帰無仮説が誤り
真	帰無仮説が正しい	○	第一種の誤り
実	帰無仮説が誤り	第二種の誤り	○

るため，第二種の誤りの確率が増加する。逆に基準を厳しくすると良品を誤って不良品と判定する第一種の誤りが増加してしまうため，これら 2 種類の誤りの確率はトレードオフの関係にあるといえる。このため，仮説検定では第一種の誤りに着目し，これが許容可能な一定値以下になるような検定方式を考える。この一定値のことを**有意水準**（level of significance）といい，今後はこれを α で表す。α には通常 0.05 や 0.01 といった値が用いられることが多いが，特に明確な決まりがあるわけではない。有意水準は第一種の誤りを起こす最大の確率と言い換えることができる。

一般に仮説検定を行う場面では，まず問題に適した検定方式を選択し，その後で仮説を設定して有意水準を決め，採取されたデータから検定統計量をつくって検定を行う，という流れになる。9 章で学んだ点推定の問題の場合，どのような分布であっても最尤法を適用することで結果を得ることができたのに対し，区間推定はそのような共通の方法は存在しなかった。仮説検定も区間推定と同様で，検定統計量をつくるための一般的な手順や方法というものは存在しない。正確ではないが簡単にいうと，問題に応じた独特の検定統計量やその作成法があると考えると近いイメージである。そこで，次節以降ではいくつかの代表的な検定を紹介する。

なお，今後は話を簡単にするため，帰無仮説が「パラメータがある値に等しい」というような形で表される検定に限定する。このような仮説を**単純仮説**（simple hypothesis）と呼ぶ。一方，値ではなく範囲を指定する場合は**複合仮説**（composite hypothesis）という。単純仮説の下で設定した帰無仮説に対し，対立仮説は「ある値に等しくない」場合と「ある値以上（または以下）」という二つのパターンの仮説を考えることができる。前者を**両側検定**（two–sided test），後者を**片側検定**（one–sided test）という。同じ現象を想定している場合はどちらも同じ検定統計量を用いればよいが，そこで用いる値が少しだけ異なる。

10.2　正規母集団の下での検定

さまざまな検定方式があるが，本節では最も基本的な正規母集団の下での検定について説明する。$\boldsymbol{X} = (X_1, \cdots, X_n)$ を母集団が $N(\mu, \sigma^2)$ なる正規分布に従うときの標本サイズ n の無作為標本とする。このような状況で単純仮説の下での検定を考えた場合，平均と分散を表す二つのパラメータをもつため，それぞれに対する検定を考える必要がある。

〔**1**〕 **母平均に関する検定**　まず母平均 μ が μ_0 と等しいか否かという検定を考える。母平均の単純な推定量は標本平均 $\bar{X}$ であり，仮に平均が $E[X_i] = \mu_0$ ならば

$$E\left[\bar{X}\right] = E\left[\frac{1}{n}\sum_{i=1}^{n} X_i\right] = \frac{1}{n}\sum_{i=1}^{n} E[X_i] = \mu_0$$

となる。よって，$|\bar{X} - \mu_0|$ がゼロに近い場合は $\bar{X}$ の平均は μ_0 と等しいと見なしてよいであろう。帰無仮説がもし正しければ，$X_i \sim N(\mu_0, \sigma^2)$ より $\bar{X} - \mu_0 \sim N(0, \sigma^2)$ となるので，検定統計量 $T_1(\boldsymbol{X})$ として

$$T_1(\boldsymbol{X}) = \frac{\bar{X} - \mu_0}{\sigma/\sqrt{n}} \tag{10.1}$$

を考えると，$Var[\bar{X}] = \sigma^2/n$ より $T_1(\boldsymbol{X}) \sim N(0, 1)$ となり，標準正規分布を用いて帰無仮説が正しいか否か判定できる。よって，有意水準 α の下での両側検定は以下のようにまとめることができる。

1–(I)　$H_0 \ : \ \mu = \mu_0 \qquad H_1 \ : \ \mu \neq \mu_0$

$$|T_1(\boldsymbol{X})| > z_{\alpha/2} \implies \text{帰無仮説を棄却}$$

ただし，z_a は標準正規分布の上側 $100a$ パーセント点である。

両側検定の様子を図で表すと**図 10.1** のようになる。真ん中の $\mu = \mu_0$ と記されているのが帰無仮説が成立するときの $T_1(\boldsymbol{X})$ の分布を表し，実際に得られたデータ $\boldsymbol{x}$ を代入して計算される値 $T_1(\boldsymbol{x})$ が実現値となるため，これを用いて検定を行う。よって，$T_1(\boldsymbol{x})$ が $\mu = \mu_0$ の分布から右あるいは左方向に位置している場合，$\mu > \mu_0$ または $\mu < \mu_0$ と記されている分布からの実現値である可能性が高くなる。特に二つの分布が交わっている領域ではどちらの分布に従っているかわからない。これが第一種または第二種の誤りと関係している。実際には対立仮説の下での分布はわからない（したがって図のような正規分布とはかぎらない）ため，帰無仮説の下での $T_1(\boldsymbol{X})$ の分布だけを用いて検定を行うことになる。

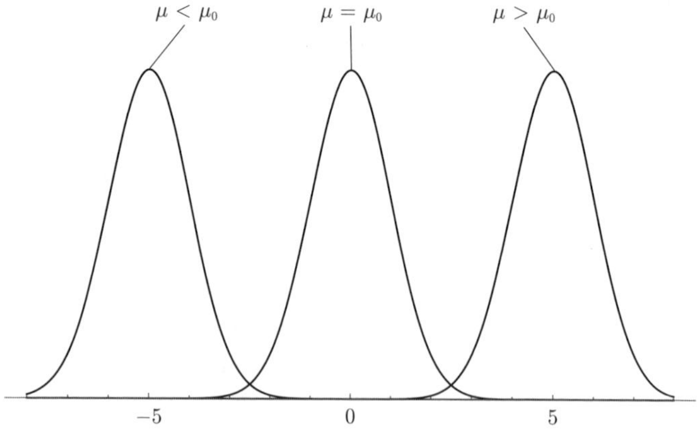

図 10.1　検定のイメージ

検定統計量の形（要は T_1 という関数）が異なると，帰無仮説の下での分布も変わることは容易に想像できるであろう。これは無闇に検定統計量をつくる，すなわち勝手に帰無仮説を設定すると，そのときの分布が得られず検定を行うことができないことを意味する。点推定で最尤法を用いるようにある種機械的な手順で検定統計量を得ることができないのは，以上のような理由が大きい。

片側検定の場合は $T_1(\boldsymbol{X})$ がパーセント点よりも大きい場合と小さい場合に分かれるため，以下のようになる。

1–(II)　$H_0\ :\ \mu = \mu_0 \qquad H_1\ :\ \mu > \mu_0$

$$T_1(\boldsymbol{X}) > z_\alpha \implies \text{帰無仮説を棄却}$$

1–(III)　$H_0\ :\ \mu = \mu_0 \qquad H_1\ :\ \mu < \mu_0$

$$T_1(\boldsymbol{X}) < -z_\alpha \implies \text{帰無仮説を棄却}$$

式 (10.1) で表される検定統計量は母分散を既知としているが，このようなケースは現実的に考えると非常にまれであり，実際には未知であると見なすことが一般的である。その場合は不偏分散 U^2 で母分散を推定する方法が考えられるため，先ほど考えた検定統計量 $T_1(\boldsymbol{X})$ の σ を不偏分散の平方根で置き換えた新たな統計量として

$$T_2(\boldsymbol{X}) = \frac{\bar{X} - \mu_0}{U/\sqrt{n}} \tag{10.2}$$

を考えることができる。しかし，先ほどと異なり，U もまた確率変数であることから $T_2(\boldsymbol{X})$ は正規分布に従わない。このとき，定理 8.4 を利用すると，帰無仮説の下では $T_2(\boldsymbol{X})$ が自由度 $n-1$ の t 分布に従うことがわかる。以上の結果から，母分散が未知の場合の検定はつぎのようにまとめることができる。なお，$t_{n,\alpha}$ は自由度 n の t 分布の上側 100α パーセント点である。

2–(I)　$H_0\ :\ \mu = \mu_0 \qquad H_1\ :\ \mu \neq \mu_0$

$$|T_2(\boldsymbol{X})| > t_{n-1,\alpha/2} \implies \text{帰無仮説を棄却}$$

2–(II)　$H_0\ :\ \mu = \mu_0 \qquad H_1\ :\ \mu > \mu_0$

$$T_2(\boldsymbol{X}) > t_{n-1,\alpha} \implies \text{帰無仮説を棄却}$$

2–(III)　$H_0\ :\ \mu = \mu_0 \qquad H_1\ :\ \mu < \mu_0$

$$T_2(\boldsymbol{X}) < -t_{n-1,\alpha} \implies \text{帰無仮説を棄却}$$

母分散が既知の場合との違いは検定統計量の分布だが，自由度が標本サイズよりも 1 だけ小さくなっている点に注意する必要がある。これは母分散の推定に不偏分散を使用していることと関係している。

〔**2**〕 **母分散に関する検定**　　つぎに母分散 σ^2 が σ_0^2 と等しいか否かという検定について考える。先ほどと同様に今度は母平均が未知か既知かで検定統計量の分布が異なる。まず母平均 μ を既知としたとき，帰無仮説の下では $(X_i-\mu)/\sigma_0 \sim N(0,1)$ となる。このとき，定理 8.1 より標準正規分布に従う確率変数の 2 乗が自由度 1 のカイ二乗分布に従うため，標本サイズが n であることを踏まえて

$$T_3(\boldsymbol{X})=\frac{1}{\sigma_0^2}\sum_{i=1}^{n}(X_i-\mu)^2 \tag{10.3}$$

という統計量をつくると，これは自由度 n のカイ二乗分布に従うことがわかる。以上の結果から，母平均 μ が既知の下で帰無仮説が正しければ $T_3(\boldsymbol{X})$ は自由度 n のカイ二乗分布に従うことになるため，母分散の検定はつぎのようにまとめることができる。なお，$\chi^2_{n,\alpha}$ は自由度 n のカイ二乗分布の上側 100α パーセント点である。

3–(I) $H_0\ :\ \sigma^2=\sigma_0^2\qquad H_1\ :\ \sigma^2\neq\sigma_0^2$

$T_3(\boldsymbol{X})>\chi^2_{n,\alpha/2}$ または $T_3(\boldsymbol{X})<\chi^2_{n,1-\alpha/2}$

$\Longrightarrow$ 帰無仮説を棄却

3–(II) $H_0\ :\ \sigma^2=\sigma_0^2\qquad H_1\ :\ \sigma^2>\sigma_0^2$

$T_3(\boldsymbol{X})>\chi^2_{n,\alpha}\Longrightarrow$ 帰無仮説を棄却

3–(III) $H_0\ :\ \sigma^2=\sigma_0^2\qquad H_1\ :\ \sigma^2<\sigma_0^2$

$T_3(\boldsymbol{X})<\chi^2_{n,1-\alpha}\Longrightarrow$ 帰無仮説を棄却

最後に母平均が未知の場合を考えると，母平均に対する自然な推定量は標本平均 $\bar{X}$ である。そこで，$T_3(\boldsymbol{X})$ の μ を $\bar{X}$ で置き換えた以下の統計量

$$T_4(\boldsymbol{X})=\frac{1}{\sigma_0^2}\sum_{i=1}^{n}(X_i-\bar{X})^2 \tag{10.4}$$

を考えると，定理 8.6 より $T_4(\boldsymbol{X})$ は自由度 $n-1$ のカイ二乗分布に従う。自由度が標本サイズよりも 1 だけ小さくなるのは，母平均に関する検定と同様に

未知母数を推定していることが関係している。よって，母平均が未知の場合の正規母集団における母分散の検定は，以下のようにまとめることができる。

4–(I) $H_0 : \sigma^2 = \sigma_0^2 \qquad H_1 : \sigma^2 \neq \sigma_0^2$

$T_4(\boldsymbol{X}) > \chi^2_{n-1,\alpha/2}$ または $T_4(\boldsymbol{X}) < \chi^2_{n-1,1-\alpha/2}$

$\Longrightarrow$ 帰無仮説を棄却

4–(II) $H_0 : \sigma^2 = \sigma_0^2 \qquad H_1 : \sigma^2 > \sigma_0^2$

$T_4(\boldsymbol{X}) > \chi^2_{n-1,\alpha} \Longrightarrow$ 帰無仮説を棄却

4–(III) $H_0 : \sigma^2 = \sigma_0^2 \qquad H_1 : \sigma^2 < \sigma_0^2$

$T_4(\boldsymbol{X}) < \chi^2_{n-1,1-\alpha} \Longrightarrow$ 帰無仮説を棄却

10.3 p 値の考え方

検定の基本的な手順を大まかにまとめると，以下のような流れになる。

(1) 有意水準を設定する。

(2) 標本から求めた検定統計量の実現値を求める。

(3) 有意水準を利用して求めたパーセント点と比較する。

なお，(3) のパーセント点は通常は数表から求めるが，最近では Excel などのソフトウェアを用いることで検定統計量の実現値から簡単に確率を求めることができるようになった。これに相当するのが p 値†である。以下ではこの p 値について少しふれる。

検定を行う上では，標本 $\boldsymbol{X}$ から検定統計量 $T(\boldsymbol{X})$ をつくることはすでに述べたとおりである。標本 $\boldsymbol{X}$ はなんらかの確率分布に従うことを想定しているため，当然 $T(\boldsymbol{X})$ に対しても確率分布を考えることができる。特に正規母集団の仮定の下では，検定の対象やパラメータに関する仮定に応じて正規分布，t 分布，およびカイ二乗分布が検定統計量の分布として現れた。そうすると，実際

† p は大文字を使用してもよい。

に観測された標本値の集まり（データ）を $\boldsymbol{x}$ とおいた場合

$$p_{\boldsymbol{x}} = \Pr\{T(\boldsymbol{X}) \geqq T(\boldsymbol{x})\} \tag{10.5}$$

という確率を考えることができる。上の式で得られた確率 $p_{\boldsymbol{x}}$ が **$\boldsymbol{p}$ 値**（p–value）である。p 値の意味を端的に述べると，与えられた標本統計量の実現値の下で帰無仮説を棄却できる最小の有意水準ということになる。

これまで検定を行う場合は有意水準 α を与え

$$\alpha = \Pr\{T(\boldsymbol{X}) \geqq x_\alpha\}$$

を満たす x_α の値を，標本統計量の実現値 $\boldsymbol{x}$ から求めた検定統計量の実現値 $T(\boldsymbol{x})$ の大きさと比較し

$$T(\boldsymbol{x}) \geqq x_\alpha \quad \Longrightarrow \quad \text{帰無仮説を棄却}$$

のように判定していた[†1]。もし式 (10.5) を計算できるのであれば有意水準 α を設定した後で x_α を求めず

$$p_{\boldsymbol{x}} \leqq \alpha \quad \Longrightarrow \quad \text{帰無仮説を棄却}$$

というように検定を行うことが可能になる。昔は式 (10.5) の計算がたいへんだったが，個人によるパソコンの所有も一般的になり，かつ Excel やフリーの統計ソフト（R など）を使用する環境を簡単に整備できるようになった今日において，p 値の算出が容易であることは少なくない[†2]。このような場合は自由に有意水準を設定して検定を行うことができる。

よって，有意水準を設定した上でパーセント点を求めるのではなく，p 値の大きさだけで検定を行うことが一般的になっている。ただし，p 値の大きさそのものが帰無仮説の正しさを表しているというわけではない。この辺はもう少し丁寧な議論が必要だが本書では割愛する。幸いにも p 値をメインに扱った良書もあるため，興味のある読者はそちらを参照してほしい。

---

†1　厳密には両側検定と片側検定で異なるが，ここではその辺の詳細は割愛した。
†2　勝手に算出してくれることもある。

章末問題

【1】全国のすべての高校3年生を対象とした学力テストを行ったところ，数学の得点は平均60点，標準偏差10点の正規分布に従っていた。このとき，ある高校で全校生徒100人の生徒がこのテストを受けており，平均点は70点であった。この高校の生徒の数学の学力は全国的に見て高いといえるか，有意水準5パーセントで検定せよ。

【2】ある機械部品の新たな製造法が開発された。この方法を導入して製造された製品から40個を無作為に抽出して重量を測定し，標本分散を利用して標本標準偏差を求めたところ22gであった。一方，旧製法により製造された製品の重量の標準偏差も同様の手順で求めると30gであった。どちらも測定された重量は正規分布に従う。重量のばらつきをなるべく小さくしたいとすると，新たな製造法の導入は妥当といえるか，有意水準5パーセントで検定せよ。

【3】ある材料は200Nの負荷に耐えられる強度をもっていれば合格と判定される。ある工場で製造された材料を無作為に抽出して破壊試験を行ったところ，以下のようなデータが得られた。

$$210, 198, 195, 202, 197, 196, 199, 195 \quad 〔単位：N〕$$

この工場で製造された材料は合格といえるか，有意水準5パーセントで検定を行い，結論を示せ。

【4】ある世代の給与（月給）の全国平均は46.0万円であるという。このとき，ある都市で対象となった世代の10人を無作為に選んで給与を尋ねたところ，以下のような結果が得られた。

$$46.6, 38.8, 51.0, 59.2, 58.6, 62.9, 31.5, 47.1, 57.8, 40.3 \quad 〔単位：万円〕$$

この都市の平均給与は全国的に見て違いがあるといえるか，有意水準1パーセントで検定せよ。

【5】ある湖の魚は公害物質で汚染されているため魚を採取して調べたところ，原因となっている公害物質の含有量は平均0.38mgの正規分布に従っていた。これに対し，湖を管理している自治体は条例を改正して規制を強化し，その1年後に再び湖に生息している魚について公害物質の含有量を調べ，以下のデータを得た。

$$0.31, 0.35, 0.30, 0.42, 0.38, 0.31, 0.34, 0.39 \quad 〔単位：mg〕$$

このとき，条例改正の効果はあったといえるか，有意水準 1 パーセントで結論を述べよ。

【6】 ある工場では直径が 1.3 cm のねじを製造している。この工場である日停電が発生して製造がストップした。その後，自家発電に切り替えて製造を再開し，無作為に 10 個を抽出して直径を測ったところ，以下のような結果が得られた。

1.30, 1.32, 1.29, 1.34, 1.30, 1.28, 1.28, 1.34, 1.31, 1.34 〔単位：cm〕

停電によるなんらかの影響があったといえるか，有意水準 1 パーセントで検定せよ。

【7】 ある工場で使用している設備に異常が発生して停止するまでの時間は 1 台当り平均 132.4 日の指数分布に従う。工場の再編に伴い設備を使用する環境が変わったため，独立で平均 μ の指数分布に従う無作為標本を採取して詳しく調べたところ，1 台当り平均 98.7 日で異常が発生していた。工場の再編が設備の異常発生になんらかの影響を与えているといえるか知りたい。母集団は指数分布に従うという仮定の下で，以下の問いに答えよ。

(1) $\displaystyle\sum_{i=1}^{n} X_i$ の従う分布を示せ。

(2) (1) で得た結果を利用し，統計量 $T = \dfrac{2n}{\mu}\bar{X}$ が従う分布を示せ。

(3) (2) で得られた結果を利用し，有意水準 5 パーセントで検定を行い，この問題に対する結論を述べよ。

【8】 ある施設では 1 日に 350 L の水を使用していると報告があり，詳しく調べるため無作為に 20 日分の使用料を測ったところ，以下のようなデータが得られた。

340, 344, 362, 375, 356, 386, 354, 364, 332, 402,
340, 355, 362, 322, 372, 324, 318, 360, 338, 370 〔単位：L〕

施設からの報告が正しいといえるか，有意水準 5 パーセントで結論を示せ。

【9】 地点 A から地点 B に θ という値の信号を送ると，地点 B ではこの値に $N(0, 2^2)$ であるノイズ ε が加わった値を信号として受け取る。ある日，地点 A から地点 B に同一の値の信号が独立に送られ標本平均を求めたところ 8.5 であったため，地点 B では受け取った信号の値を 8 であると判断した。有意水準 5 パーセントでこの判断の妥当性について結論を示せ。

【10】 $N(\mu, \sigma^2)$ という母集団から得られた無作為標本 $X_1, \cdots, X_n$ に対し，平均が μ_0 であるという帰無仮説を立て，有意水準 100α パーセントで両側検定を行うとする。このとき，誤って帰無仮説を採択してしまう確率 $\beta(\mu)$ が

$$\beta(\mu) = \Phi\left(\frac{\mu_0 - \mu}{\sigma/\sqrt{n}} + z_{\alpha/2}\right) - \Phi\left(\frac{\mu_0 - \mu}{\sigma/\sqrt{n}} - z_{\alpha/2}\right)$$

となることを示せ。ただし，Φ は標準正規分布の累積分布関数を表す。

【11】 $X_1, \cdots, X_n$ がパラメータ p のベルヌーイ母集団からの無作為標本である。以下の問いに答えよ。

(1) 統計量 $S = \sum_{i=1}^{n} X_i$ の確率分布を示せ。

(2) $\hat{p} = S/n$ としたとき，統計量 $T = \dfrac{\hat{p} - p}{\sqrt{p(1-p)/n}}$ が従う確率分布を示せ。

(3) (2) の結果を利用し，$p = p_0$ を帰無仮説，$p \neq p_0$ を対立仮説として有意水準 α の検定を行う方法を説明せよ。

【12】 不良率が 0.05 であるとされていた製造ラインの改良を行ったため，無作為に 400 個の製品を抽出して不良品の個数を調べたところ 10 個であった。製造ラインの改良に伴い不良率は改善されたといえるか，有意水準 5 パーセントで検定し結論を示せ。

11 単回帰分析

9章で学んだ推定を用いることで確率分布のパラメータを推定することができ，10章で学んだ検定により確率分布のパラメータが仮説と同じであるかどうか判断できるようになった。これらの内容で共通しているのは，ある1種類のデータが観測された状況を想定している点である。これに対し，例えば親と子供の身長や5教科（英語，数学，国語，理科，社会）の成績のように，なんらかの関係をもつと思われるデータが利用可能である場合，これらを用いて有益な知見を得たいという場面に遭遇することがある。このような場面で用いられる代表的な統計的手法の一つが，回帰分析である。本章では特に単回帰分析の基礎について解説する。

11.1 回帰分析とは

イギリスの遺伝学者ゴールトンは，父親の身長が成人した息子の身長にどのように遺伝するかという研究を行うため，イギリスの1078家族を調査し，それにより「父親の身長が集団平均から背の高いほうや低いほうに外れても，その息子の身長は集団平均に近いほうに戻ってくる確率が大きい」という結果を示した。ゴールトンはこのような現象を回帰現象と呼び，これが回帰分析の始まりといわれている。

父親の身長を x，息子の身長を y とおいた場合，これらの関係を関数 f を用いることで

$$y = f(x)$$

と表せる。この式は父親の身長が決まれば必ず息子の身長が決まるということ

になるが，実際には食生活など遺伝以外の要素も関係しているはずなので，関数 f だけで表すわけにはいかない。また，そもそも関数 f を見つけるのが難しいという問題があるため，最も簡単な関数である直線，すなわち1次関数と見なすことができればかなり使い勝手がよくなると思われる。

そこで，変数 x と y についての n 組のデータ

$$(x_i, y_i) \qquad (i = 1, 2, \cdots, n)$$

があるとき

$$y_i = \beta_0 + \beta_1 x_i + \varepsilon_i \qquad (i = 1, 2, \cdots, n) \tag{11.1}$$

のような形で表される式を**回帰モデル**（regression model）と呼び，この回帰モデルに基づいた分析が**回帰分析**（regression analysis）である。特に式 (11.1) は y に影響する変数が1個しかないため，**単回帰モデル**（simple linear regression model）という。回帰モデルでは変数 x を**説明変数**（exlplanatory variable）あるいは**独立変数**（independent variable）といい，y を**目的変数**（responsible variable）あるいは**従属変数**（dependent variable）という。β_0 と β_1 はいずれも**回帰係数**（regression coefficient）と呼ばれており，データから推定される値，すなわち未知パラメータである。また，ε_i は**誤差項**（error term）を表す確率変数であり，通常以下のような仮定を設ける。

(1) 不偏性：誤差の平均はゼロである。

(2) 等分散性：誤差の分散は x の値によらず一定である。

(3) 独立性：誤差は互いに独立である。

(4) 正規性：誤差は正規分布に従う。

これらの性質をまとめて「ε_i は互いに独立に $N(0, \sigma^2)$ に従う」という書き方をすることもある。特に σ^2 は**誤差分散**と呼ぶこともある。σ^2 も回帰係数同様データから推定する未知パラメータとなる。

式 (11.1) の下で x_i の値のみが与えられ y_i が未知であるとすると，ε_i が確率変数であるため y_i も確率変数になる。このとき，y_i の**予測値**（predicted value）

$\hat{y}_i$ は

$$\hat{y}_i = E[y_i|x_i] = \beta_0 + \beta_1 x_i \tag{11.2}$$

という条件付き期待値によって得られる。特に式 (11.2) で x_i の値を固定しない式 $\beta_0 + \beta_1 x$ を**回帰直線**（regression line）と呼ぶ。

回帰分析では，基本的に，説明変数（独立変数）は原因など先に観測あるいは設定できる値を用い，これにより結果に相当する目的変数 y の値を予測したり制御したりすることが目的となる。よって，単なる線形関係ではなく，因果関係を想定できる現象に適用することが望ましいといえる。このとき，相関係数の大きさで因果関係の有無を把握しようとすることがあるが，これは誤りである。ある変数間に因果関係があり，かつ線形関係があれば相関係数が 1 に近い値となるが，1 に近いからといって因果関係があるとはいえず，単に線形関係があるという事実がわかるだけである点に注意する必要がある。

11.2　回帰係数の推定

データを採取して回帰分析を行う上での第一歩は，回帰係数（未知パラメータ）を推定することである。ここでは代表的な推定法である最小二乗法とその推定量の性質，および最尤法との関係について述べる。

11.2.1　最 小 二 乗 法

回帰係数の推定値を $\hat{\beta}_0, \hat{\beta}_1$ としたとき，予測値と観測値の差が小さくなるような推定値が望ましいため

$$e_i = y_i - \hat{y}_i = y_i - (\hat{\beta}_0 + \hat{\beta}_1 x_i) \tag{11.3}$$

という量を考える。e_i を**残差**（residual）という。式 (11.3) からわかるように，予測値が観測値よりも大きければ残差は負となり，逆の場合は正となるため，単純に和をとると相殺されてしまう。そこで，残差の 2 乗和である

$$S_e \equiv \sum_{i=1}^{n} e_i^2 = \sum_{i=1}^{n}(y_i - \hat{\beta}_0 - \hat{\beta}_1 x_i)^2 \tag{11.4}$$

を考え，この S_e を最小とするように回帰係数を求める方法を**最小二乗法**（method of least squares）という。

式 (11.4) を $\hat{\beta}_0$ と $\hat{\beta}_1$ について最小とするため，これらについて偏微分して 0 とおくと

$$\frac{\partial S_e}{\partial \hat{\beta}_0} = -2\sum_{i=1}^{n}(y_i - \hat{\beta}_0 - \hat{\beta}_1 x_i) = 0$$

$$\frac{\partial S_e}{\partial \hat{\beta}_1} - 0 - -2\sum_{i=1}^{n} x_i(y_i - \hat{\beta}_0 - \hat{\beta}_1 x_i) = 0$$

となる。これらを整理して得られる以下の連立方程式

$$\left.\begin{aligned} \hat{\beta}_0 n + \hat{\beta}_1 \sum_{i=1}^{n} x_i &= \sum_{i=1}^{n} y_i \\ \hat{\beta}_0 \sum_{i=1}^{n} x_i + \hat{\beta}_1 \sum_{i=1}^{n} x_i^2 &= \sum_{i=1}^{n} x_i y_i \end{aligned}\right\} \tag{11.5}$$

を**正規方程式**（normal equation）と呼ぶ。(x_i, y_i) に関する n 組のデータが得られれば式 (11.5) を解くことができる。$\bar{x}$ と $\bar{y}$ をそれぞれ標本平均とすると，正規方程式の解は

$$\hat{\beta}_1 = \frac{\sum_{i=1}^{n}(x_i - \bar{x})(y_i - \bar{y})}{\sum_{i=1}^{n}(x_i - \bar{x})^2} \tag{11.6}$$

$$\hat{\beta}_0 = \bar{y} - \hat{\beta}_1 \bar{x} \tag{11.7}$$

のように表すことができる。これらは最小二乗法という方法を用いて得られた推定値であることから，**最小二乗推定値**（least squares estimate）と呼ばれる。仮に y_i が観測値でなく確率変数と見なした場合は，**最小二乗推定量**（least squares estimator）と呼ばれる。

11.2.2　最小二乗推定量の性質

ここでは x_i を観測値，y_i を観測値ではなく確率変数[†]と見なし，最小二乗推定量のもつ性質について説明していく。推定値の導出手順を改めて見直すと，誤差に関する仮定がまったく用いられていないことがわかる。また，そもそも残差の2乗和で表した関数を最小化することで回帰係数を推定するという問題を考えたが，2乗和に限定する必要はなく残差の絶対値など他の関数でもよいように思える。それではなぜ2乗和を考えたのかというと，推定量としてよい性質をもつことが大きな理由である。これは9章で説明した不偏性と呼ばれる性質であり，以下のようにまとめることができる。

定理 11.1　最小二乗推定量 $\hat{\beta}_0, \hat{\beta}_1$ は回帰係数の不偏推定量である。すなわち

$$E[\hat{\beta}_0] = \beta_0, \qquad E[\hat{\beta}_1] = \beta_1$$

が成り立つ。

証明は章末問題とするが，定理 11.1 を導くためには誤差に関する仮定を必要とする。

仮に不偏性を満たしても，最もよい推定量とはかぎらない。推定量は確率変数である以上ばらつきをもつため，これが大きいと不偏推定量であってもよい推定量であるとはいえないことは，9章で述べたとおりである。このとき，最小二乗推定量は，ある推定量のグループの中で分散が最も小さくなることを示すことができる。これを説明するため，まず $\hat{\beta}_1$ を

$$\hat{\beta}_1 = \frac{\sum_{i=1}^{n}(x_i - \bar{x})(y_i - \bar{y})}{\sum_{i=1}^{n}(x_i - \bar{x})^2} = \frac{\sum_{i=1}^{n}(x_i - \bar{x})y_i}{\sum_{i=1}^{n}(x_i - \bar{x})^2} \equiv \sum_{i=1}^{n} w_i y_i \quad (11.8)$$

と書き直すと，$\hat{\beta}_1$ が y_i に関する線形式になっていることがわかる。ちなみに w_i は観測値 x_i のみで構成されているため，式 (11.8) で表される推定量の中の確

† これまでは確率変数を大文字で表してきたが，ここでは便宜上小文字のままとする。

率変数は y_i のみである。このような形で表される推定量を**線形推定量**（linear estimator）と呼ぶ。そうすると，2 乗和以外の関数を考えても（本当のところはわからないが）同じように y_i の線形結合で表される推定量が存在する可能性がある。そこで

$$\tilde{\beta} = \sum_{i=1}^{n} c_i y_i \tag{11.9}$$

で表される任意の線形推定量と比較して，最小二乗推定量がよい推定量といえるかどうかを調べてみる。すでに不偏推定量であることはわかっており，ここで重要になるのは推定量の分散であるため，線形推定量の中でも不偏性を満たすものだけに着目する。このような推定量を，**線形不偏推定量**（linear unbiased estimator）という。このとき，誤差が p.179 の (1)〜(3) の三つの条件をすべて満たせば，最小二乗推定量の分散が最も小さくなることが知られている。この事実をまとめると，以下のようになる。

定理 11.2　β_0 と β_1 に対する任意の線形不偏推定量

$$\tilde{\beta}_0 = \sum_{i=1}^{n} c_{0i} y_i, \qquad \tilde{\beta}_1 = \sum_{i=1}^{n} c_{1i} y_i$$

に対し，p.179 の (1)〜(3) の三つの条件をすべて満たせば，最小二乗推定量 $\hat{\beta}_0, \hat{\beta}_1$ は

$$Var[\hat{\beta}_1] \leqq Var[\tilde{\beta}_1], \qquad Var[\hat{\beta}_0] \leqq Var[\tilde{\beta}_0]$$

を満たす。

定理 11.2 を**ガウス・マルコフの定理**（Gauss–Markov theorem）という。そして，この性質を満たす線形推定量を**最良線形不偏推定量**（best linear unbiased estimator, **BLUE**）と呼ぶ。なお，詳細は割愛するが，ガウス・マルコフの定理は単回帰モデルよりももっと広いクラスで成り立つ。

以上のように最小二乗推定量は不偏性を満たし，かつ線形不偏推定量の中で最も分散が小さい最良線形不偏推定量となっていることが，最小二乗法という推定法が用いられる理由である。なお，予測という点では回帰係数だけ推定できれば問題ないが，実際は誤差分散 σ^2 も推定すべきパラメータである。これは

$$\hat{\sigma}^2 = \frac{1}{n-2}\sum_{i=1}^{n} e_i^2 = \frac{1}{n-2}S_e \tag{11.10}$$

という推定量を考えると σ^2 の不偏推定量となっている。これを用いると

$$\frac{\hat{\sigma}^2 \sum_{i=1}^{n} x_i^2}{n\sum_{i=1}^{n}(x_i-\bar{x})^2}, \qquad \frac{\hat{\sigma}^2}{\sum_{i=1}^{n}(x_i-\bar{x})^2} \tag{11.11}$$

という推定量が得られる。これらは回帰係数の推定量 $\hat{\beta}_1$ と $\hat{\beta}_0$ の分散を表し，それぞれの正の平方根は回帰係数の**標準誤差**（standard error）と呼ばれる。標準誤差は，最小二乗推定量の精度を評価する上で必要で，統計ソフトを用いて回帰分析を行うと勝手に出力されることが多い。少なくともデータ解析が目的の場合は導出方法の詳細を知らなくても困ることはないため，詳細は割愛する。

11.3　回帰式の評価

ここからは再び x_i と y_i の両方を観測値，すなわち実際のデータと見なして話を進める。このとき，推定値を使って表される回帰式を正しいと見なしてそのまま使用してよいのか，すなわち直線を当てはめることが適切かどうかをなんらかの方法で判断する必要がある。重要なのは目的変数 y_i を予測あるいは制御することなので，y_i の標本分散と関係した量を S_T とすると

$$\begin{aligned} S_T &\equiv \sum_{i=1}^{n}(y_i-\bar{y})^2 = \sum_{i=1}^{n}(y_i-\hat{\beta}_0-\hat{\beta}_1 x_i+\hat{\beta}_0+\hat{\beta}_1 x_i-\bar{y})^2 \\ &= \sum_{i=1}^{n}(y_i-\hat{\beta}_0-\hat{\beta}_1 x_i)^2 + \sum_{i=1}^{n}(\hat{\beta}_0+\hat{\beta}_1 x_i-\bar{y})^2 \\ &\equiv S_e + S_R \end{aligned} \tag{11.12}$$

と分解できる。S_T を**全変動**，S_R を**回帰による変動**，S_e を**残差変動**などと呼ぶ。名前のとおり S_e は予測のずれを，S_R は回帰直線によって説明される y_i に関する変動の大きさを表すため，直観的には S_e が S_R に比べて小さければ回帰式として適切と考えられるが，これらはデータ数に依存するため n を考慮する必要がある。そこで

$$\phi_T = n - 1 \tag{11.13}$$

$$\phi_R = 1 \tag{11.14}$$

$$\phi_e = \phi_T - \phi_R = n - 2 \tag{11.15}$$

とおいて

$$V_R = \frac{S_R}{\phi_R} \tag{11.16}$$

$$V_e = \frac{S_e}{\phi_e} \tag{11.17}$$

という量を考えると，これらはそれぞれ ϕ_R と ϕ_e を自由度とするカイ二乗分布に従う。よって，これら二つを用いて得られる

$$F_0 \equiv \frac{V_R}{V_e} \tag{11.18}$$

という値を考えると，これは F 分布に従う。この値を $\boldsymbol{F}$ **比**と呼ぶ。これにより以下のような検定を考えることができるようになる。

$$H_0 \ : \ \beta_1 = 0, \qquad H_1 \ : \ \beta_1 \neq 0$$

よって，$F_0 > F(\phi_R, \phi_e; \alpha)$ ならば有意，すなわち帰無仮説を棄却する。回帰係数がゼロでないということは回帰式に意味があると判断できる。

注意が必要なのは，多くの場合検定を行う段階ですでに回帰係数の推定値 $\hat{\beta}_1$ が得られているため，この推定値そのものの妥当性についての検定，例えば $\beta_1 = \hat{\beta}_1$ を仮説として用いるわけではない点である。検定の数学的な背景を完全に無視して単なる手続きのように理解してしまうとこのような誤りを犯しやすい。本書では回帰式の検定の理論については言及していないが，10 章で説明

した正規母集団を仮定したときの検定の理論をきちんと理解していれば，仮説を立てる上でもある種のルールがあり，回帰分析についても同様であることがわかるはずである。

なお，通常このように F_0 の値を用いた分析を**分散分析**（analysis of variance, **ANOVA**）といい，**表 11.1** のような表（**分散分析表**という）にまとめることが一般的である。

表 11.1　分散分析表の例

要　因	平方和	自由度	平均平方	F 比
回帰による変動	S_R	ϕ_R	V_R	V_R/V_e
残差変動	S_e	ϕ_e	V_e	—
計	S_T	ϕ_T	—	—

以上の説明から，S_T の中で S_R の占める割合が高いと，直線にうまく当てはまっていると考えられることがわかったはずである。そこで，新たな尺度として

$$R^2 = \frac{S_R}{S_T} \tag{11.19}$$

という値を考えてみる。式 (11.19) で与えられる R^2 を**寄与率**あるいは**決定係数**（coefficient of determination）と呼ぶ。寄与率は全変動のうち回帰式によって説明できる変動の割合を表し，1 に近いほどよい。敢えて R^2 としたのは寄与率の正の平方根 R が y_i と $\hat{y}_i$ の**相関係数**になっているためである。これは y_i と x_i の相関係数とも一致するため，回帰分析を行う前に，説明変数と目的変数の間の相関係数を求めておくことが重要となる。

例 11.1　ある工場で製造している材料の引張強度（単位：Pa）を上げるために加工時の温度（単位：°C）がどのように影響するか調べたいと考え，**表 11.2** のようなデータを採取した。このようなデータを単回帰モデルにより分析する上で最初に行うのは，相関係数を求めることである。i 番目のサンプルの温度を x_i，強度を y_i とすると，相関係数 r は

表 **11.2** 強度と温度の関係

No	温度	強度	No	温度	強度
1	187	46	11	184	47
2	230	50	12	187	48
3	199	51	13	205	46
4	218	56	14	205	59
5	189	32	15	206	60
6	209	53	16	236	59
7	203	49	17	232	64
8	190	44	18	239	71
9	216	52	19	228	56
10	173	39	20	217	45

$$r = \frac{\sum_{i=1}^{n}(x_i - \bar{x})(y_i - \bar{y})}{\sqrt{\sum_{i=1}^{n}(x_i - \bar{x})^2 \sum_{i=1}^{n}(y_i - \bar{y})^2}} = 0.742$$

と計算できる。ただし，$\bar{x}$ と $\bar{y}$ は標本平均を表す。これは 5 章で学んだ二つの確率変数 X と Y の相関係数 $Cor[X, Y]$ の定義が

$$Cor[X, Y] = \frac{E[(X - E[X])(Y - E[Y])]}{SD[X]SD[Y]}$$

で与えられることからもわかる。r は，標本から得られた $Cor[X, Y]$ の推定値となっているため**標本相関係数**とも呼ばれているが，「標本」を省略して呼ばれることも少なくない。この結果から，あまり強いとはいえないが正の相関があると推測できる。そこで，単回帰モデルを当てはめ回帰係数 β_0 と β_1 の推定値を求めると，$\hat{\beta}_0 = -20.307$，$\hat{\beta}_1 = 0.345$ という結果が得られる。また，分散分析表は**表 11.3** のようにまとめることができる。先ほど説明した表 11.1 とは異なり，表 11.3 には最後の列に p 値が入っている。これは F 値から計算しており，Excel や R など統計計算が可能なソ

表 **11.3** 例題に対する分散分析表

要　因	平方和	自由度	平均平方	F 値	p 値
回帰変動	826.975	1	826.975	22.099	0.000
残差変動	673.574	18	37.420	—	—
計	1 500.55	19	—	—	—

フトウェアを用いると自動的に出力される。8 章で説明したように，p 値は第一種の誤りを棄却できる最小の確率なので，この値が有意水準として設定する 0.05 や 0.01 といった値よりも小さければ帰無仮説は棄却される。すなわち，回帰式には意味があると見なすことができる。なお，p 値を求めることができない場合は有意水準に対するパーセント点を数表などで求め，その値よりも F 値が大きければ有意と見なして帰無仮説を棄却する。また，ここでは割愛するが，回帰式から残差を計算することで残差分析を行うこともできる。

11.4　最尤法と最小二乗法

式 (11.1) で表される単回帰モデルの誤差 ε は正規分布に従うと仮定したのだから，パラメータの推定には 9 章で学んだ最尤法を用いるという方法もある，と考えた者もいるのではないだろうか。少なくとも最小二乗法で推定するときには，この仮定を使用していないのだから，推定量の評価は別として推定自体でこの仮定を生かすのであれば，最尤法を使うほうが自然なようにも思える。ここでは最尤法による結果を導いた上で，最小二乗法との相違について説明する。

これまでと同様 (x_i, y_i) というデータの組を考えた場合，式 (11.1) より x_i が観測されているという条件の下で，正規分布に従う確率変数 Y_i の実現値が y_i，すなわち $Y_i = y_i$ となる。そこで，平均 $\mu_i = \beta_0 + \beta_1 x_i$，分散 σ^2 の正規分布の確率密度関数を

$$f(y_i|x_i; \mu, \sigma^2) = \frac{1}{\sqrt{2\pi\sigma^2}} \exp\left[-\frac{(y_i - \mu_i)^2}{2\sigma^2}\right] \tag{11.20}$$

とおくと，無作為標本の下での尤度は

$$\begin{aligned}\prod_{i=1}^{n} f(y_i|x_i; \mu_i, \sigma^2) &= \frac{1}{(2\pi\sigma^2)^{n/2}} \exp\left[-\frac{1}{2\sigma^2}\sum_{i=1}^{n}(y_i - \mu_i)^2\right] \\ &= \frac{1}{(2\pi\sigma^2)^{n/2}} \exp\left[-\frac{1}{2\sigma^2}\sum_{i=1}^{n}\{y_i - (\beta_0 + \beta_1 x_i)\}^2\right]\end{aligned}$$

$$\equiv L(\beta_0, \beta_1, \sigma^2) \tag{11.21}$$

となるため，対数尤度は

$$\begin{aligned} l(\beta_0, \beta_1, \sigma^2) &= \ln\left[L(\beta_0, \beta_1, \sigma^2)\right] \\ &= -\frac{n}{2}\ln\left[2\pi\sigma^2\right] - \frac{1}{2\sigma^2}\sum_{i=1}^{n}\{y_i - (\beta_0 + \beta_1 x_i)\}^2 \end{aligned} \tag{11.22}$$

で表される。対数尤度 $l(\beta_0, \beta_1, \sigma^2)$ を最大とする最尤推定値 $\hat{\beta}_0$, $\hat{\beta}_1$, $\hat{\sigma}^2$ は

$$\frac{\partial l(\beta_0, \beta_1, \sigma^2)}{\partial \sigma^2} = -\frac{n}{2\sigma^2} + \frac{1}{2\sigma^4}\sum_{i=1}^{n}\{y_i - (\beta_0 + \beta_1 x_i)\}^2 = 0 \tag{11.23}$$

$$\frac{\partial l(\beta_0, \beta_1, \sigma^2)}{\partial \beta_0} = \frac{1}{\sigma^2}\sum_{i=1}^{n}\{y_i - (\beta_0 + \beta_1 x_i)\} = 0 \tag{11.24}$$

$$\frac{\partial l(\beta_0, \beta_1, \sigma^2)}{\partial \beta_1} = \frac{1}{\sigma^2}\sum_{i=1}^{n}x_i\{y_i - (\beta_0 + \beta_1 x_i)\} = 0 \tag{11.25}$$

という連立方程式の解となる。

ここで β_0 と β_1 に関する方程式である式 (11.24) と式 (11.25) に注目すると，これらは正規方程式と同じ形になっている。以上より最尤推定値は最小二乗推定値と一致することがわかる。よって，最小二乗法は正規分布の誤差の下での最尤法と同値と解釈できる。

章　末　問　題

【1】 式 (11.5) の正規方程式の解が式 (11.7) と式 (11.6) で表されることを示せ。

【2】 式 (11.19) で定義された寄与率の平方根が

$$r = \frac{\sum_{i=1}^{n}(x_i - \bar{x})(y_i - \bar{y})}{\sqrt{\sum_{i=1}^{n}(x_i - \bar{x})^2 \sum_{i=1}^{n}(y_i - \bar{y})^2}}$$

で与えられる標本相関係数 r と一致することを示せ。

【3】 n 組のデータ (x_i, y_i) に対し，β_0 と β_1 を未知パラメータとして

$$y = \beta_0 e^{\beta_1 x}$$

のようなモデルを当てはめることを考えた場合，最小二乗法を用いてパラメータを推定するための方法を説明せよ。

【4】 単回帰モデルは説明変数を既知とすると目的変数が確率変数となり，誤差に正規分布を仮定すると $Y_i \sim N(\beta_0 + \beta_1 x_i, \sigma^2)$ となる。この点を踏まえて以下の問いに答えよ。なお，データ数は n とする。

(1) $\displaystyle\sum_{i=1}^{n}(x_i - \bar{x}) = 0$ となることを示せ。

(2) β_1 の推定量 $\hat{\beta}_1$ に対し

$$\hat{\beta}_1 = \frac{\sum_{i=1}^{n}(x_i - \bar{x})(Y_i - \bar{Y})}{\sum_{i=1}^{n}(x_i - \bar{x})^2} = \frac{\sum_{i=1}^{n} Y_i(x_i - \bar{x})}{\sum_{i=1}^{n}(x_i - \bar{x})^2}$$

が成り立つことを示せ。

(3) $\displaystyle\sum_{i=1}^{n}(x_i - \bar{x})^2 = \sum_{i=1}^{n} x_i^2 - n\bar{x}^2$ が成り立つことを示せ。

(4) 式 (11.6) で与えられる $\hat{\beta}_1$ が β_1 の不偏推定量であることを示せ。

(5) 式 (11.7) で与えられる $\hat{\beta}_0$ が β_0 の不偏推定量であることを示せ。

【5】 n 組のデータ (x_i, y_i) に対して

$$y = \beta_0 + \beta_1 x + \beta_2 x^2$$

という二次曲線を当てはめ，最小二乗法を用いてパラメータ $\beta_0, \beta_1, \beta_2$ を推定したい。これらの推定値が

$$\beta_2 \sum_{i=1}^{n} x_i^2 + \beta_1 \sum_{i=1}^{n} x_i + \beta_0 n = \sum_{i=1}^{n} y_i$$

$$\beta_2 \sum_{i=1}^{n} x_i^3 + \beta_1 \sum_{i=1}^{n} x_i^2 + \beta_0 \sum_{i=1}^{n} x_i = \sum_{i=1}^{n} x_i y_i$$

$$\beta_2 \sum_{i=1}^{n} x_i^4 + \beta_1 \sum_{i=1}^{n} x_i^3 + \beta_0 \sum_{i=1}^{n} x_i^2 = \sum_{i=1}^{n} x_i^2 y_i$$

という連立方程式の解となることを示せ。

【6】 n 組のデータ (x_i, y_i) の間に $y_i = b_0 + b_1 x_i$ という関係がある。以下の問いに答えよ。

(1) 標本相関係数 r の絶対値が 1 となることを示せ。

(2) 標本相関係数の符号は b_1 の正負のみで決まる理由を説明せよ。

【7】 以下の式で表される関数

$$g(\theta)=\sum_{i=1}^{n}\{\theta(x_i-\bar{x})+(y_i-\bar{y})\}^2$$

を考えた場合，任意の θ に対し必ず $g(\theta)\geqq 0$ となる。これを利用して標本相関係数 r が $-1\leqq r\leqq 1$ となることを示せ。

【8】 木材の比重（無次元）と強度（単位：Pa）の関係を調べるため，以下のようなデータを採取した。

比重	0.41	0.46	0.44	0.47	0.42	0.39	0.41	0.44	0.43	0.44
強度	1.85	2.62	2.34	2.69	2.16	1.76	2.50	2.75	2.73	3.12

(1) 相関係数を求めよ。

(2) 回帰係数を推定せよ。

(3) 比重が 0.35 のときの強度の予測値を求めよ。

引用・参考文献

確率，統計に関する良書は多数あるが，特に本書を執筆する際に参考にした主な書籍を以下に示す.

1）稲垣宣生：数理統計学（改訂版），裳華房（2003）
2）尾崎俊治：確率モデル入門，朝倉書店（1996）
3）木村俊一，古澄英男，鈴川晶夫：確率と統計 —基礎と応用—，朝倉書店（2003）
4）黒木　学：数理統計学，共立出版（2020）
5）佐藤　坦：はじめての確率論　測度から確率へ，共立出版（1994）
6）高橋幸雄：確率論，朝倉書店（2008）
7）田口玄一 編：確率・統計，日本規格協会（1981）
8）東京大学教養部統計学教室編：統計学入門，東京大学出版会（1991）
9）永田　靖：入門統計解析法，日科技連（1992）
10）野田一雄，宮岡悦良：数理統計学の基礎，共立出版（1992）
11）藤澤博徳：確率と統計，朝倉書店（2006）
12）柳川　尭：P 値 その正しい理解と適用，近代科学社（2018）
13）R.A. Johnson：Miller & Freund's Probability & Statistics (9th Edition), Pearson Modern Classic (2017)
14）S.M. Ross：Probability and Statistics for Engineers and Scientists (4th Edition), Academic Press (2009)

索　　引

—— 著者略歴 ——

1996年　中央大学理工学部管理工学科卒業
1998年　東京工業大学大学院博士前期課程修了（経営工学専攻）
2001年　中央大学大学院博士後期課程修了（経営システム工学専攻）
　　　　博士（工学）
2002年　中央大学助手
2004年　防衛大学校助手
2007年　防衛大学校助教
2011年　法政大学准教授
　　　　現在に至る

経営科学のための確率統計入門

Introduction to Probability and Statistics for Management Science

2022 年 6 月 24 日　初版第 1 刷発行　★

検印省略

著　　者　田《た》　村《むら》　信《のぶ》　幸《ゆき》
発 行 者　株式会社　コ ロ ナ 社
　　　　　代 表 者　牛 来 真 也
印 刷 所　三 美 印 刷 株 式 会 社
製 本 所　有限会社　愛 千 製 本 所

112–0011　東京都文京区千石 4–46–10
発 行 所　株式会社　コ ロ ナ 社
CORONA PUBLISHING CO., LTD.
Tokyo Japan
振替 00140–8–14844・電話(03)3941–3131(代)
ホームページ　https://www.coronasha.co.jp

ISBN 978–4–339–06125–3　C3041　Printed in Japan　（金）

情報・技術経営シリーズ

（各巻A5判，欠番は品切です）

■企画世話人　鷹田憲久・菅澤喜男

	書名	著者	頁	本体
1.	企業情報システム入門	鷹田憲久・矢島敬士共著	230	2800円
2.	製品・技術開発概論	菅澤喜男・国広誠共著	168	2000円
3.	経営情報処理のための 知識情報処理技術	辻洋・大川剛直共著	176	2000円
4.	経営情報処理のための オペレーションズリサーチ	栗原謙三・明石吉三共著	200	2500円
5.	情報システム計画論	西村一則・坪根直毅・栗田学共著	202	2500円
6.	コンピュータ科学入門	布広永示・菅澤喜男共著	184	2000円
7.	高度知識化社会における 情報管理	村山博・大貝晴俊共著	198	2400円
8.	コンペティティブ テクニカル インテリジェンス	M. Coburn著・菅澤喜男訳	166	2000円
9.	ビジネスプロセスの モデリングと設計	小林隆著	200	2500円
10.	ビジネス情報システム	鷹田憲久・水野浩孝・赤津雅晴共著	200	2500円
12.	メディア・コミュニケーション論	矢島敬士著	180	2100円
13.	ビジネスシステムの シミュレーション	鷹田憲久・大川剛直・秋吉政徳・大場みち子共著	188	2400円
14.	技術マーケティングと インテリジェンス	菅澤喜男・岡村亮共著	240	3000円

定価は本体価格+税です。
定価は変更されることがありますのでご了承下さい。

図書目録進呈◆